不要过分执着于情绪，

就好像你需要依赖它才能生存一样。

不要轻易认同情绪，

就好像它真的可以定义你一样。

请记住，

情绪来来去去，

而你依然是你。

MASTER YOUR EMOTIONS

A Practical Guide to Overcome Negativity and Better Manage Your Feelings

Thibaut Meurisse

情绪由我

不讨好○不在乎○不客气

〔法〕
蒂博·默里斯
著

刘慧
译

北京科学技术出版社

读者须知

本书中所有的建议都由作者审慎提出。本书是不能代替药物或心理治疗的，如果你出现了严重的心理健康问题，请寻求专业的帮助。因本书相关内容造成的直接或间接的不良影响，出版社和作者概不负责。衷心希望每一位读者都能保持良好的情绪。

著作权合同登记号 图字：01-2022-2557

图书在版编目（CIP）数据

情绪由我 /（法）蒂博·默里斯著 ；刘慧译. — 北京 ：北京科学技术出版社，2023. 1（2024. 5 重印）

书名原文：Master Your Emotions

ISBN 978-7-5714-2341-4

Ⅰ. ①情… Ⅱ. ①蒂… ②刘… Ⅲ. ①情绪－自我控制－通俗读物 Ⅳ. ① B842.6-49

中国版本图书馆 CIP 数据核字（2022）第 088508 号

策划编辑：	周　浪	**电　　话：**	0086-10-66135495（总编室）
责任编辑：	胡　诗		0086-10-66113227（发行部）
责任校对：	贾　荣	**网　　址：**	www.bkydw.cn
图文制作：	品欣工作室	**印　　刷：**	河北鑫兆源印刷有限公司
责任印制：	李　茗	**开　　本：**	880 mm × 1230 mm 1/32
出 版 人：	曾庆宇	**字　　数：**	176 千字
出版发行：	北京科学技术出版社	**印　　张：**	8.25
社　　址：	北京西直门南大街 16 号	**版　　次：**	2023 年 1 月第 1 版
邮政编码：	100035	**印　　次：**	2024 年 5 月第 3 次印刷

ISBN 978-7-5714-2341-4

定　　价：59.80 元

中文版序

亲爱的中国读者：

2018年5月6日，我出版了英文版的《情绪由我》(*Master Your Emotions*)，并希望它能给大家提供一些帮助。4年后，这本书已经被翻译成十几种语言，如俄语、泰语、葡萄牙语、塞尔维亚语，当然还有中文。更重要的是，它影响了全世界几十万读者的生活。

当我写这本书的时候，我没有料到它会产生如此巨大的影响。在追寻写作事业和个人成长的过程中，我意识到了管理好情绪的重要性。自然而然，我想到了写一本简单实用的书，来分享我的见解，让所有人都可以随时阅读或者重读它。我相信，总有一部分人可以从这本书中获益，不是吗？

事实上，情绪是人的共性，它能将我们所有人连接起来。它超越了文化、宗教或者个人特征，是我们成为人的原因。情绪至关重要，因为它可以为我们每一次经历着色，并决定着我们的生活质量。

当我们感觉良好时，生活中的一切都显得如意，我们会感到更有活力，挑战自己也变得更加容易。因此，我们可以过上更幸福的生活，获得更大的成功。相反，当我们感到悲伤、抑郁或者没有动力时，一切都显得黯淡无光，我们也很难达成自己的目标并过上充实的生活。

那么，我想到的关键问题是：我们该如何管理自己的情绪，从而过上幸福而富有成效的生活？

本书正是为了回答这个问题而诞生的。

我真诚地希望，本书能够帮到你。我个人的建议是，你可以根据需要经常阅读这本书，也强烈推荐你完成书后所附的实践练习。因为你采取的实际行动越多，效果就越好。现在，让我们直面现实吧，你仍然会被负面情绪缠绕，但频率会比以往低得多。

最后，我想提醒你，不要将自己和自己的情绪画等号。你可以学着观察自己的情绪，感受它，接受它。因为当你这样做时，你就在内心为自己创造了反应的空间——当情绪出现时，你可以选择做出何种反应，而不是任由情绪掌控你。越是这样练习，你就越有能力掌控自己的情绪。

你不是你的情绪，希望在阅读这本书时，你能牢记这一点。

祝你阅读愉快！

蒂博·默里斯（Thibaut Meurisse）

为什么选择本书？

很多关于情绪的书都会讨论情绪对我们生活的影响，但它们很少全面地阐述情绪到底是什么、情绪是如何产生的，以及情绪在我们的生活中扮演着怎样的角色。

情绪问题是我们生活中最难以捉摸、最不好处理的问题之一，它似乎有一种神秘的力量，使我们经常沦为它的牺牲品。我们常常发现自己无法打破情绪的魔咒，因为它实际上渗透于生活的方方面面，并决定着我们的生活质量。倘若我们不了解情绪是如何工作的，很可能会限制我们对于理想生活的愿景，不利于个人潜力的发挥。

你如果正在努力处理生活中的各种负面情绪，或者想了解情绪是如何工作的，以及该怎样利用情绪来实现自我成长，那么本书一定适合你。

相信你读完本书后可以清楚地知道情绪是如何工作的，更重要的是，你将学会更好地应对它。

前　言

心灵是一个可以自己做主的地方，在那里，天堂还是地狱只在一念之间。

约翰·弥尔顿（John Milton），诗人

生活中，我们都有过各种各样的情绪。不得不承认，在写这本书的时候，我自己的情绪就出现了高潮和低谷。在一开始产生写一本书帮助人们了解情绪这样的想法时，我感到兴奋不已。想象着读者通过我的书学会了控制情绪，从而改善了生活质量，我的热情异常高涨，我甚至情不自禁地认为这本书将成为杰作。

至少当时我是这么想的。

但最初的兴奋过后，真正坐下来开始写书的时候，我发现那种高亢的情绪竟然消失得无影无踪。突然间，脑海中那些之前我觉得很棒的想法变得很无趣，写作过程也变得很无聊，我觉得自己好像并不能做出什么实质性的或有价值的贡献。

每天坐在桌前写作变得越来越困难，我开始逐渐失去信心。我如果连自己的情绪都无法掌控，又有什么资格来写一本关于情

绪的书呢？实在是讽刺啊！我也考虑过放弃，毕竟已经有那么多关于这个主题的书了，为什么还要再多我这一本呢？

但与此同时，我意识到完成这本书不正是解决我的情绪问题的绝佳机会吗？谁又不是时不时就会遭受负面情绪的袭扰呢？我们每个人不都经历过情绪的高潮和低谷吗？因此，问题的关键其实在于，我们要如何走出情绪的低谷。是利用情绪不断学习并实现自我成长，还是自暴自弃呢？

那么，现在就让我们来谈谈情绪吧。首先，试着回答下面的问题。

读这本书时，你感觉如何？

了解自己的感受是控制情绪的第一步。也许你和自己最真实的感受“失联”很久了，因为它们已经被你一次次地压在了心底。对于上面这个简单的问题，也许你的答案是“我感觉这本书会很有帮助”，或者“我感觉我真的可以从这本书里学到些什么”。

然而，这些答案都不能反映出你此时此刻的感受。其实你既不是“感觉这样”，也不是“感觉那样”，而只是简单地去“感觉”了。你并不是“感觉”这本书很有用，而是“认为”这本书很有用，这种思考会使你产生一种读这本书会十分兴奋的情绪。“感觉”表现为身体的生理感知，而不是你脑海中的一个想法。“感觉”一词之所以经常被过度或错误地使用，其原因可能正是由于我们不愿意谈论自己的情绪。

那么，你现在又感觉如何呢？

为什么谈论情绪如此重要？

你的情绪决定着你的生活质量。因为情绪不同，你的生活可能是神奇的，也可能是悲惨的。这也就是为什么情绪问题是最重要、最需要关注的问题之一，它影响着你所经历过和正在经历的每一件事。当你感觉好的时候，一切似乎看起来都很美好；你也会产生更棒的想法，并感觉精力十分充沛，一切皆有可能。相反，当你感到沮丧时，一切都会变得很无聊；你感觉没有精神，做任何事情都没有动力，感觉整个人（精神上和身体上）被牢牢禁锢着，未来一片黯淡。

情绪其实也可以成为强有力的生活向导。它可以告诉你某些地方出了问题，并引导你做出改变。因此，它有可能是你能拥有的最强大的个人成长工具之一。

但可悲的是，你的父母和老师可能从来没有教过你情绪是怎么回事，以及如何控制情绪。在我看来，最讽刺的地方在于，几乎所有东西都配有操作手册，但你的大脑却没有。你应该从未收到过一本关于大脑是如何工作的和如何使用它来更好地管理情绪的指南，对吧？反正我是没有收到过。事实上，直到现在，我都怀疑是否真的存在这种指南。

你将从本书中学到些什么?

控制情绪是你在出生时就应该学会的一件事。或者，你的父母应该在你入学第一天就送你一本关于如何控制情绪的书。在本书中，我将分享你需要了解的关于情绪的一切，这样你就可以克服恐惧、突破限制，逐步成为那个理想中的自己。

更具体地说，本书将帮助你：

· 了解什么是情绪，以及情绪是如何影响你的生活的；

· 知道情绪是如何形成的，以及如何利用情绪促进个人成长；

· 识别生活中的负面情绪，并学会克服它；

· 改变固有认知，学会更好地掌控你的生活，从而创造更精彩的未来；

· 调整思维模式，从而获得更积极的情绪体验；

· 获得你所需要的关于如何识别和掌控情绪的一切方法。

以下是你将在本书中学到的更详细的信息。

在第1部分中，我们将讨论什么是情绪。你将了解为什么我们的大脑更在意那些负面的信息，以及该如何摆脱它们的影响。我们还会讨论生存机制是如何影响情绪的。最后，我们会谈谈负面情绪是如何工作的，以及为什么它如此棘手。

在第2部分中，我将介绍那些可以直接影响情绪的因素。你将清晰地了解自己的身体、思想、语言和睡眠在生活中扮演了什么角色，以及该如何利用它们来改变情绪。

在第3部分中，我们将讨论情绪是如何形成的，以及如何调整思维模式以获得更积极的情绪体验。

最后，在第4部分中，你将学会如何让情绪变成促进自我成长的工具。另外，你还会明白为什么我们会产生恐惧或抑郁等负面情绪，并了解它们是如何工作的。

接下来，让我们开始吧。

如何使用本书？

我鼓励你先通读一遍这本书。然后，我希望你能重温这本书，并专注于那些你想要深入探索的部分。

本书还介绍了一些调节情绪的练习，虽然我并不指望你全部完成，但希望你从中挑选一些来做，并把它们应用到你的实际生活中。请记住，你在这本书上投入的时间和精力的多少将决定你从中收获什么。

如果你觉得这本书可能对你的家人或朋友有帮助，请一定与他们分享。情绪如此复杂，我相信深入了解它对我们所有人都有益。

目　录

Master Your Emotions

第 1 部分
什么是情绪？

你是否常常对于什么是情绪，以及为什么我们会产生情绪感到好奇？

在这一部分中，首先，我们来探讨一下生存机制是如何影响情绪的。其次，我会解释何谓自我（ego），以及它对情绪意味着什么。最后，我会揭示情绪是如何工作的，以及为什么处理负面情绪如此困难。

第1章
生存机制是如何影响情绪的?

为什么人们对负面情绪有偏见?

我们的大脑是为生存而设计的，这也解释了为什么你有机会在此时此刻读这本书。其实仔细想想就会发现，作为个体，我们出生的概率是非常低的。我们之所以能创造生命奇迹，完全得益于我们的祖先——面对成百上千次死亡威胁，他们仍然能顽强地生存下来并继续繁衍。

幸运的是，我们不用像祖先那样，每天都面对死亡。事实上，在世界上大部分地方，人们的生活从没有像现在这样安稳过。然而，我们的生存机制并没有发生太多改变，我们的大脑仍然时刻关注着周围的环境，留意着潜在的危险。

从很多方面来说，我们大脑的某些功能已经“过时”。例如，你明明离野兽很远，不会被一口吃掉，可你的大脑仍然会将很多注意力放在那些可能发生的危险上面，忽略了那些积极正面的事情。

害怕被拒绝就是一个对负面情绪抱有偏见的典型例子。在早期社会，被自己的部落排斥会在很大程度上降低个体的生存概率。因此，人们学会了对任何可能被拒绝或者排斥的迹象保持警觉，这也逐渐成了人类的一种本能。

在当今社会，被拒绝不会对我们的长期生存产生任何影响。即使被整个世界排斥，你也可以拥有一份工作来支持自己过上不愁温饱的生活。但即使在这种情况下，你的大脑仍然不自觉地把被拒绝视为一种生存威胁。

大脑这种天生的机制也就解释了为什么被拒绝或者排斥会让人如此痛苦。虽然大多数情况下被拒绝只是小事一桩，但你仍然会感到痛苦。如果反复想着被拒绝这件事，你甚至可能会在心里演绎一部跌宕起伏的戏剧。你可能还会认为自己不值得被爱，并在很长一段时间内都无法摆脱被拒绝的阴影。更糟糕的是，你很有可能因此变得抑郁。

一次批评指责通常比上百次的积极肯定影响还大。这也就是为什么对一位总是获得好评的作者来说，一条差评就会使他感到绝望。虽然这位作者明白，一条差评不会对他的生存构成任何威胁，但他的大脑并不这样认为。大脑可能更倾向于把这条负面评论当作一种对自我的威胁，从而触发相应的情绪反应。

对被拒绝的恐惧同样也会导致你对事件产生过分夸大的反应。如果你在工作中遭到了老板的批评，你的大脑可能会将其视为一种威胁。在这种情况下，你就会不自觉地暗自忖度：如果老板开除我怎么办？如果我不能很快地找到新的工作怎么办？如果妻子离开我怎么办？我的孩子怎么办？如果我再也见不到他们了怎么办？

拥有这样一种有益的生存机制当然是好事，但同时你也需要正确区分真实的威胁和虚构的威胁。如果无法做到这一点，你的心里必然会产生不必要的痛苦和担心，这些负面情绪会影响你的生活质量。因此，想要克服对负面情绪的偏见，你必须调整自己的思维模式。**人类最伟大的能力之一就是利用思维来重塑现实环境，并用一种更为积极的方式来理解各种生活事件。**本书将告诉你如何发挥这种能力。

为什么大脑的任务不是使人感到快乐？

大脑的首要任务并不是使我们感到快乐，而是确保我们能够生存下去。因此，想要获得幸福，我们就必须努力控制自己的情绪，而不是寄希望于幸福从天而降。接下来，我们来探讨一下什么是幸福以及如何获得幸福。

多巴胺与幸福感

多巴胺是一种神经递质，它主要的作用之一就是“奖励”某些行为。当多巴胺释放到大脑的愉快中枢时，我们会体验到一种类似于极度兴奋的强烈快感，这种快感往往产生于运动、赌博、做爱或享受美食时。

多巴胺的另一个作用是督促我们去寻找食物，确保我们不会饿死，以及刺激我们去寻找伴侣，从而获得繁衍的机会。如果没有多巴胺，人类现在很可能已经灭绝了。多巴胺可真是个好东西，不是吗？

但其实，在当今社会中，这种奖励系统似乎在很多情况下已经过时了。过去，多巴胺与人类的生存息息相关，而现如今，人们经常通过人为方式刺激多巴胺释放。最好的例子就是社交媒体，它利用心理学的原理尽可能多地占据我们的生活时间。社交媒体弹出的消息可以刺激我们释放多巴胺，吸引我们将更多的时间花在这些软件上，服务供应商因此可以赚到更多的钱。打游戏和赌博同样会刺激多巴胺的释放，这也是有些人会对这些事极度上瘾的原因。

值得庆幸的是，我们不必在大脑每一次释放多巴胺的时候都采取行动。举例来说，我们不需要因为脸书（Facebook）的消息通知会带来一种类似注射一剂多巴胺后的愉悦感，就不停地去查看它。

如今，社会上正在兜售一种其实并不能使人快乐的幸福方式。我们之所以沉迷于多巴胺，主要是由于市场销售人员找到了一种行之有效的方法来利用我们的大脑。我们一整天会释放很多多巴胺并且陶醉其中，但这真的就是幸福吗？

更糟糕的是，多巴胺会导致真正的上瘾，并对我们的健康造成严重的威胁。一份来自美国杜兰大学的研究报告显示，当允许被试者对自己的愉快中枢进行自我刺激时，他们平均每分钟会刺激40次。而沉浸于刺激愉快中枢时，被试者即使很饿，也会拒绝进食。

韩国人李承硕（Lee Seung Seop）就是一个极端例子。2005年，年仅28岁的李承硕连续玩了58小时电子游戏后不幸去世。在玩游戏期间，他基本没有吃东西、喝水、睡觉。随后调查给出的结论是，他死于极度疲劳和严重脱水导致的心脏衰竭。

因此，要控制情绪，你就必须了解多巴胺是如何工作的，以及它会如何影响你的幸福感。你沉迷于玩手机吗？你总是一看电视就停不下来吗？或者你经常花很多时间玩电子游戏吗？其实，我们大多数人都会沉迷于某件事情，对有些人来说，这种沉迷显而易见，而对另一些人来说并非如此——比方说，你可能会沉迷于胡思乱想。为了更好地控制情绪，你必须清楚地知道你沉迷于哪些事情，并敢于从自己所沉迷的事情中走出来，因为它们可能会夺走你的幸福。

“总有一天我可以”的神话

你相信总有一天你会实现自己的梦想并从此过上幸福的生活吗？其实这不太可能发生。你可能会实现自己的梦想（我希望你能），然而不会“从此过上幸福的生活”。事实上，产生这种“总有一天我会……”的想法，只是大脑在和你开玩笑。

我们的大脑可以很快适应新的变化，这可能是进化的结果，也可能是生存繁衍的需要。可能正是因为这种适应性，开新车或住新房只能带给我们一时的满足。一旦最初的兴奋感消失，我们就会转而期待下一件令人兴奋的事情。这种现象被称为“享乐适应”。

“享乐适应”是如何工作的?

接下来我将分享一项给我带来了巨大启示的有趣研究，它可能会改变你看待幸福的方式。这项研究开展于1978年，两组被试者分别是彩票中奖者和截瘫患者，目的是评估获得彩票大奖和成为截瘫患者会如何影响个体的幸福感。

研究发现，在事情发生一年后，两组被试者的幸福感都和之前是一样的。是的，同样幸福（或不幸福）。关于这项研究，你也可以通过丹·吉尔伯特（Dan Gilbert）的TED演讲《关于幸福的惊人科学》（*The Surprising Science of Happiness*）来了解更多信息。

也许你相信一旦自己“做到了”，就会很开心。但上述关于幸福的研究表明，事实并非如此：无论在你身上发生什么，只要你适应了新的情况，就会恢复到之前的幸福水平。

那么，这是否意味着你不可能比现在更快乐呢？当然不是。其实这意味着，从长远来看，外在因素对幸福感的影响微乎其微。

事实上，根据《幸福有方法》(*The How of Happiness*）一书的作者索尼娅·柳博米尔斯基（Sonja Lyubomirsky）的说法，影响人们幸福感的因素中，遗传因素占50%，内在因素占40%，外在因素只占10%。外在因素包括你是单身还是已婚，是富人还是穷人，以及类似这样的社会因素。

外在因素的影响力可能比你想象的要小得多。所以，重点是：你对生活的态度才是影响自我幸福感的关键，而不是具体发生在你身上的事情。

现在你已经了解了生存机制是如何对你的情绪产生消极影响，并致使你在生活中无法获得更多的快乐和幸福的。下一章我将谈谈何谓自我。

实践练习

请完成实践练习部分相应的练习（第1部分“什么是情绪?”的练习1“觉察你的负面情绪”和练习2“感知幸福”）。

第2章
什么是自我？

生存机制不是影响情绪的唯一因素，自我对情绪的影响也十分重要。因此，想要更好地控制情绪，就一定要先了解什么是自我以及它是如何发挥作用的。

现在先来明确一下这里说的自我到底是什么意思。当谈及某人时，你可能会说："他是一个非常'自我'的人。"这里的"自我"和"自私"的意思基本一样。毫无疑问，自私是自我的一种表现，但它只是自我的一部分而已。尽管你可能没有表现出丝毫的自私，甚至可能看起来是个十分慷慨的人，但你仍然可能一直被自我所控制。

那么，什么是自我？

自我是指你在整个生命过程中建立起来的自我认同。这种认同感是如何产生的呢？简单来说，这种认同感是由你的思想创造出来的，作为一种大脑的产物，它是无形的。

发生在你身上的事本身是没有意义的，只是你赋予了它们不同的意义。你不断地接受发生在自己身上的事，只是因为别人告诉你要这样做。此外，你也认同自己的姓名、年龄、宗教信仰、职业等，道理是一样的。

当然，这种因自我认同而产生的依附关系也可能造成不良后果。我们之后会探讨，在这种依附关系的基础上，你会形成某种信念，这样的信念又会给你带来某种情绪体验。例如，当有人质疑你的宗教信仰、抨击你的政治主张时，你往往会感觉十分愤怒。

你意识到自我的存在了吗?

对自我运作机制的理解取决于个体自我意识达到了何种水平。自我意识水平最低的人甚至根本觉察不到自我的存在，因此也最容易被自我所控制。

与之相反，自我意识水平高的人，很容易洞悉自我。他们理解信仰是怎么回事，也知道过度依赖某种信仰会给自己的生活带来痛苦。事实上，这样的人是自己思想的真正主人，并能够与自己的内心和平相处。

请注意，自我没有好坏之分，它只是个体缺乏自我意识而产生的结果。当你开始意识到自我时，它就会消失，因为它和意识是无法共存的。

自我需要身份认同

自我是自私的，它只关心自己能否生存。有趣的是，它的这种特性和我们大脑的特性倒是有些相似。自我有它自己的生存机制，并会尽可能地维持这种机制。和我们的大脑一样，自我最在意的既不是你的幸福，也不是你内心的平静。相反，它令你焦躁不安且永不满足。自我希望你成为一个积极进取的人，不断地去做，去追求，去完成那些精彩的事情，这样你就可以成为一个“伟大的人”。

正如我们前面提到的，自我需要一个身份才能存在。它是通过认同我们周围的事物、人、某些信仰和想法来获取这一身份并存在的。

现在，让我们来看看自我是借助哪些东西来获得身份认同的。

实物

自我会倾向于认同具体的实物。自我的这种认同偏好在当今世界十分流行。也许可以说，当下的资本主义制度和消费型社会正是集体性自我创造出来的，这也可以解释为什么资本经济近几十年一直都是主要的经济模式。

营销人员非常清楚人们对认同物质的渴望。他们深知，消费者购买的不仅是商品本身，同时还希望得到这件商品所附带的情感和故事。通常，你购买某些衣服或者特定牌子的汽车，其实是想通过它们来达到自己的目的。例如，你可能想用某件东西来提升自己的社会地位，或者让自己看起来与众不同以彰显自己的个性，那么你就会选择购买那些最能帮你实现这些愿望的商品。

自我就是这样，它会利用实物来创造一个自己可以认同的身份。这并不意味着物质本身是不好的。只有当你过度依赖物质，妄想从物质中得到本不可能得到的满足感时，物质才会产生负面影响。

外表

很多人会通过自己的外表来获得自我价值感，因为这是最易于识别和量化的东西。当与自己的外表建立深刻的连接后，你往往更容易识别身体上和情绪上的痛苦。不管你是否相信，你其实可以在并不“认同”自己外表的情况下来观察自己。

人际关系

自我也会从人际关系中获得认同感。自我只对它可以获得什么感兴趣。换句话说，自我的不断发展得益于利用他人来加强其身份认同。

如果对自己足够诚实，你就会发现，你所做的大部分事情，都期待获得他人的认可。你希望父母为你骄傲，希望老板尊重你，希望你的伴侣永远爱你。

下面，让我们更详细地讨论一下不同人际关系中的自我。

亲子关系

由于自我的作祟，一些父母会对孩子产生强烈的依赖。这种依赖往往是基于一种错误的认知：孩子是他们的“私有财产”。因此，他们试图控制孩子，想让孩子过上自己年轻时想要过的理想生活，并将自己的梦想强加在孩子身上。这种现象其实随处可见。下次当你去观看青少年足球（或棒球）比赛时，留意一下场边的父母，观察一下他们的反应。试着找找这样的家长：他们会像孩子一样大声尖叫，就像他们自己在比赛一样，而不只是鼓励性地呐喊助威。但他们自己往往意识不到这一点。

两性关系

需要某人的感觉在很大程度上也是自我实现身份认同的一种手段。安东尼·德梅勒（Anthony de Mello）以一种诗意的方式表达了他对情感孤独的理解：

> “孤独不会因为他人的陪伴而消失。你最终会明白，你不需要他人陪伴，现实生活是治愈孤独的良药。”

一旦意识到自己其实并不需要他人的陪伴，你才能真正开始享受有人陪伴的幸福。这时你才能看清伴侣本来的样子，而不是一味地想从伴侣那里得到些什么。

信仰

自我还会利用信仰来强化其身份认同。在一些极端情况下，信仰对人们变得非常重要，他们随时准备为了捍卫信仰而献出生命，甚至会与有着不同信仰的人刀剑相向。自我会利用信仰来强化它的身份认同，无论这种信仰是宗教的、政治的还是形而上学的。

自我获得身份认同的具体对象

现在，让我们具体来看一看自我通常通过哪些对象来获得身份认同。

- 外表。
- 姓名。
- 性别。
- 国籍。
- 文化背景。
- 家人、朋友。
- 信仰（政治信仰、宗教信仰等）。
- 个人经历（对过去经历的解读以及对未来的展望）。

· 个人困境（疾病、财务困难、受害者心理等）。

· 年龄。

· 工作。

· 社会地位。

· 社会角色（家庭背景、从事何种工作、收入水平等）。

· 物质生活（房子、汽车、衣服、手机等）。

· 个人愿望。

自我的主要特征

以下是自我的主要特征。

· 自我倾向于将“拥有”等同于“存在”，这也是为什么自我喜欢通过具体实物来获得身份认同。

· 自我喜欢不断比较。你的自我喜欢将你与其他人进行比较。

· 自我从不满足。你的自我总是想要得到更多——更多的名望、更多的物质、更多的认可，等等。

· 自我的价值感通常取决于你在别人眼中的价值。你的自我需要他人的认可才能感到自己被重视。

自我需要获得优越感

你的自我想要获得优越感。它想脱颖而出，就需要营造一种虚假的疏离感来达到这个目的。下面我们来看看自我为了获得优越感而经常使用的策略。

· 利用他人来提升自身价值。如果你有一些非常聪明或有名望的朋友，你的自我会努力地让你与这些朋友加强关联，以强化其身份认同。这就是为什么有些人乐意告诉别人自己的朋友有多聪明、多富有或多出名。

· 传播流言蜚语。人们喜欢说三道四，因为这能让他们在某些方面感到与众不同或优于他人。这就是为什么有些人喜欢贬低他人，或在背后谈论他人的是非——这可以让他们获得优越感。

· 展现自卑情结。这背后隐藏了自我想要更优秀的愿望。是的，即使在表现出自卑的情况下，人们其实也还是想优于他人。

· 展现自大情结。这样的行为其实是为了掩饰对“我不够好”这种感觉的恐惧。

· 渴望成名。名望会给人带来一种不真实的优越感，所以很多人都梦想着可以成名。

· 希望自己永远正确。自我希望自己一直是对的，这是它确认自身存在的绝佳方式。不知你是否注意到，无论是阿道夫·希特勒（Adolf Hitler）还是纳尔逊·曼德拉（Nelson Mandela），他们都相信自己在做正确的事情。大多数人都认为自己是对的，可事实真的如此吗？

·抱怨。人们之所以会抱怨，是因为他们认为自己没有错，错的是其他人。有时候我们甚至会抱怨一件物品。你有过因为撞到桌子而抱怨或者咒骂桌子的经历吗？我有。我会认为是这该死的桌子挡住了路，这完全是它的错，不是吗？

·寻求关注。自我喜欢脱颖而出，它渴望获得他人的认可、赞美或钦佩。为了引起别人的注意，有些人甚至可能会去犯罪、穿奇装异服或全身文上文身。

自我对情绪的影响

理解自我是如何工作的可以帮助你更好地控制情绪。要做到这一点，首先你必须认识到，你现在的自我状态其实都是由于强烈地认同他人、具体事物或想法而产生的结果。但这种强烈的认同感恰恰是你生活中出现的负面情绪的真正根源。例如：

·当事情没有按照你的意愿发展时，你就会感到心烦意乱。

·当有人挑战你的某一信仰时，你可能会立刻进入一种防御状态。

简而言之，大多数情绪的产生都是基于你的个人经历以及你看待世界的方式。如果你拥有更加强大的内心，与此同时，能够不执着于某些事、人或者想法，你将体验到更加积极的情绪。在本书后面的部分，我们将学习如何改变人们解读事件的方式。

实践练习

请完成实践练习部分相应的练习（第1部分“什么是情绪?”的练习3“认识自我的本质”）。

第3章 情绪的本质

情绪问题是很棘手的问题。在本章中，我们将深入讨论一下它是如何工作的。通过了解情绪背后的机制，你能在情绪出现时更加有效地管理它。

首先要理解的是，情绪具有反复性。有时候你会感觉很开心，但可能下一秒又会觉得非常难过。虽然你确实可以控制某些情绪，但必须承认情绪是不可预测的。如果期待自己可以一直快乐，那你很可能会失望。而且，一旦不能获得快乐，你就会责怪自己，甚至会痛恨自己。

要学会控制情绪，你要知道它是稍纵即逝的。你要习惯让它自然逝去，而不必急于识别它到底是什么样的。你要学会在不加评判的前提下去感受情绪。例如，你应该尽量避免产生“我不应该难过”这样的想法或思考“我为什么会如此伤心?”这样的问题，而要接纳这些感受。

即便你是一个意志力非常强大的人，也仍然会在生活中经历悲伤、痛苦和抑郁——我们当然希望它们不要同时到来，也不要一直挥之不去。有时你还会感到失望、被背叛、没有安全感、怨恨或羞愧。你会对自己心存疑虑，怀疑自己是否真的有能力成为一直想成为的人。但这些其实都没有关系，因为这些负面情绪会出现，同样也会随着时间的流逝而消失。

负面情绪不一定是糟糕的或无用的

你可能会因为出现了负面情绪而责怪自己，或者觉得自己的意志力不够强大，甚至可能觉得自己哪里出了问题。但其实，不管你内心出现了怎样的声音，你的情绪都没有好坏之分。它只是一些简单的情感体验，仅此而已。

因此，此刻的抑郁并不会使你比三周前那个快乐的自己真正地缺少些什么。现在感到悲伤也并不意味着你再也不会开怀大笑了。

请记住，你解读情绪的方式，以及那种不停地埋怨自己的状态，才是你痛苦的根源，而不是情绪本身。

从某种角度来讲，负面情绪对我们其实是有益的。经历过风雨才能见到彩虹。即使是这世上最坚强的人，也会有出现负面情绪的时候。埃隆·马斯克（Elon Musk）可能从未想过自己会有精神崩溃的时刻，不幸的是，他确实经历了，但他成功地从情绪的谷底走了上来。在失去未婚妻后，亚伯拉罕·林肯（Abraham

Lincoln）伤心沮丧了好几个月，然而这并没有阻碍他成为美国总统。负面情绪也有积极作用，它可以为你敲响警钟，帮助你发现自己积极阳光的一面。当然，你被负面情绪缠绕时，是很难发现事物积极的一面的，可在事后看来，你的那些负面情绪——即使是悲伤的情绪——在你的成功之路上都扮演了非常重要的角色。

负面情绪的积极作用

负面情绪的出现并不是为了让生活更艰难，而是为了教会我们一些事情。没有它，我们也许不会成长。

我们可以将负面情绪想象为身体疼痛的情感等价物。虽然我们都不喜欢痛苦的感觉，但只要还能感觉到痛苦，就意味着我们还活在这世上。身体的疼痛是一种强烈的信号，告诉我们身体哪里出了问题，督促我们做出某些改变，比如去求助医生，这也许会让你接受一次手术、改变饮食习惯或加强锻炼。而如果没有身体疼痛，你就不会去做这些事情，你的身体状况也会逐渐恶化，甚至可能会死亡。

任何情绪的出现都是正常的，它是在提醒你改变当下的生活状态。或许，你需要放下一些人，或换一份工作，或主动摆脱生活中一段逐渐失控并给你带来极大痛苦的经历。

情绪是稍纵即逝的

你要明白，无论你有多沮丧、多悲痛，或者此时此刻心里有多么恐惧，这一切都是会过去的。

回想一下你体验过的负面情绪，或生命中最糟糕的一些时刻。在面对它们的时候，你可能以为自己会永远深陷其中。你会觉得即使这些事情过去了，你也很难重获快乐。但其实乌云终会消散，那个真实的你一定会再次闪耀。

情绪来来去去，我们所经历的沮丧、悲痛、愤怒都会逐渐消失。

请记住，如果你总是被相同的负面情绪袭扰，那可能说明你丧失了掌控这种情绪的信念，你需要在生活中做出一些改变。我们稍后会讨论具体该怎么做。

当然，如果你正在被严重的慢性抑郁所困扰，那么最好还是去寻求专业人士的帮助。

情绪的复杂性

你是否曾经感觉自己可能再也不会快乐了？你是否曾经长期深陷在某种负面情绪里，甚至一度认为它永远不会消失？

别担心，你有这样的感觉是再正常不过的事情。

负面情绪会影响你对生活的感受，就像你戴着一副有色眼镜生活。当负面情绪出现时，你会透过这副有色眼镜观察生活中发生的每件事情。虽然周围的一切可能没有任何变化，但你会以截然不同的方式来感受这个世界。

例如，当你感到抑郁时，你对吃东西、看电影、参加活动等都提不起兴趣。在这个时候，你只会看到事物消极的一面，感到自己被束缚住了却无能为力。然而，当你心情大好时，生活中的一切看起来似乎都很美好。食物变得鲜美无比，不管做什么你都觉得很享受，并自然地流露出亲切友好的态度。

现在你可能会认为，凭借从这本书中获得的知识，你再也不会感到沮丧了。当然不是！你还是会不断地体验悲伤、沮丧或怨恨。但我希望，读完这本书后，每当这些情绪出现时，你都可以保持理智，提醒自己这一切总会慢慢过去的。

不得不承认，我很容易被情绪所愚弄。虽然我明白我不应受制于我的情绪，但很多时候我并没有意识到它只是我生命中的临时访客。更重要的是，**我常常忘了其实情绪影响下的我并非那个真实的我。**情绪总是来来去去，但我仍然是我。每当情绪的风暴过去之后，我都感觉自己就像一个傻瓜，因为我竟然如此认真地对待它。你是否也有过类似的经历？

有趣的是，外在因素可能并不是——大多时候都不是——情绪突然变化的直接原因。可能你生活的环境没有变，你还是做着同样的工作，你的银行存款也没变，你一如既往地遇到同样的生活问题，但你会有截然不同的情绪体验。事实上，稍微回想一下你就会发现，这种情况是经常发生的。在恢复到“默认”情绪状态之前，你可能会经历几个小时或几天的抑郁情绪。在这个情绪压力期中，外部环境并没有发生任何改变，唯一改变的是你的内在心理活动。

我鼓励你有意识地去留意情绪状态的转换，并学着看穿情绪的诡计。如果你想更进一步，可以把这些时刻记录下来。如此一来，你会更深入地理解情绪是如何工作的，从而更好地管理自己的情绪。

负面情绪的邪恶力量

正如埃克哈特·托利（Eckhart Tolle）在《当下的力量》（*The Power of Now*）中所写：

> “情绪通常代表一种被放大了的极其活跃的思维模式，由于它有巨大的能量，你很难一开始就观察到它。它想要战胜你，并且通常都能成功——除非你有足够强大的觉察当下的能力。”

负面情绪就像一种魔咒，当你受到它的影响时，想摆脱它似乎成了一件不可能的事情。其实你非常清楚，一直沉溺于这种情绪是毫无意义的，但有时候你就是会随着情绪的洪流而动。它似乎有一种强大的吸引力，促使你不断地认同那些负面想法，你会因此而感觉越来越糟糕。当这种情况发生时，往往没有一种理性的、有效的方法可以克服它。

你的负面情绪与你的经历越契合，这种情绪的吸引力就越强大。例如，如果你总认为自己不够好，那么一旦你感到自己某件事做得不够好时，就非常容易产生内疚或羞耻等负面情绪。因为这样的情绪你已经体验过太多次了，它们已经成了你的一种自主反应。

情绪的过滤作用

情绪状态会在很大程度上影响我们的人生观，负面情绪会导致我们做出一些与自己的人生观相悖的行为。

当你处于积极的情绪状态时，你会感觉充满能量。这种能量使你：

· 对自己所做的一切更有信心；

· 非常愿意为了改善生活而行动起来；

· 有走出舒适区的能力；

· 在面对困难时，有更好的心理承受能力来帮助自己坚持下去；

· 有更好的想法和更强大的创造力；

· 在相同的外部环境下，更容易获得积极的情绪体验。

而当你处于消极的情绪状态时，可用的能量似乎变得很少，这会使你：

· 对自己做的所有事情都缺乏信心；
· 缺乏做事的动力，很多时候都不愿意主动采取行动；
· 不喜欢接受新的挑战并走出舒适区；
· 抗挫折能力有所下降；
· 在相同的外部环境下，更容易被负面情绪困扰。

下面让我来分享一个我生活中的真实例子。以下两种情况是在相同的外部环境下发生的，唯一的不同是我当时的情绪。

第 1 种情况：对我的工作感到十分满意时

· 对自己所做的每件事都充满信心。我认为自己的想法是最好的。我很开心能写自己的书，并渴望继续创作新的作品。我还十分乐意分享和推动我的工作。

· 更愿意付诸行动。我想要吸收新的想法或开展新的项目，并且努力想办法与其他作者合作，并打算为我的读者提供培训课程。

· 有很强的走出舒适区的意愿。走出舒适区对我来说变得容易了。我会主动联系自己不认识的人，或在社交媒体上发起直播。

· 拥有更多能使自己坚持下去的心理空间。即使在缺乏动力的时候，我也能坚持完成自己的项目。

· 有更好的想法和更强的创造力。我非常乐意接受新的观点，并且愿意为图书、文章或其他创意项目提供自己的新想法。

· 能够轻松获得更多积极的情绪体验。我有更多积极的想法，与此同时，我的大脑可以更高效地拒绝认同消极的想法。

第2种情况：由于工作缺乏成效而感到沮丧时

· 缺乏自信。我开始质疑自己和当前所做的所有事情。忽然之间，似乎自己所做的一切都变得毫无意义，感觉"怎么都不够好"。我脑海中浮现出"这有什么意义？""我做不到""我很蠢"之类的消极想法。让自己积极起来变成了一个特别困难的挑战。

· 缺乏动力。我不想做任何事情。我感觉自己的消极想法不停地冒出来，无处可逃。这样的想法总是反复出现，它们看起来都很真实，腐蚀着我所有的美好情绪体验。

· 难以接受新的挑战。我感觉自己几乎没有能力走出舒适区，或承担具有挑战性的项目。

· 意志力减退。我感觉自己难以完成任务，手头的一些工作也一再被拖延。

· 倾向于产生消极想法。我开始产生越来越多的消极想法。这些想法以前只是偶尔在我脑海中闪现，但现在它们变得挥之不去。我甚至开始认同这些想法，进而产生了更多的负面情绪。

这两种情况其实只相隔了几天。外部环境是完全一样的，但由于情绪状态不同，我的行为模式截然相反。

情绪有磁力

情绪就像一块磁石，它喜欢吸引同一“磁场”里的想法。这就是为什么当你处于消极情绪状态时，会很容易产生更多消极的想法。而这些想法的堆积会让你的情绪状态变得更糟。

正如埃克哈特 · 托利在《当下的力量》中所写：

> “通常，你的思维和情绪会相互作用、彼此‘滋养’，形成恶性循环。思维模式以情绪的方式为自己创造了一种放大的反应，而情绪的变化莫测又不断地为最初的思维模式注入活力。”

现在，让我们看看你能做些什么来摆脱这种磁力。

消除情绪的磁力

假设你今天的工作非常不顺利，你的心情很糟糕。你的消极情绪状态会导致你产生更多的消极想法。你会突然把关注点放在自己30岁却仍然单身这件事情上，并因此而开始自责。然后，你又会埋怨自己太胖。你忽然又记起自己必须在这个周六来办公室加班，而这仿佛是在提醒你，你的工作有多么糟糕。

现在你能明白当一个人情绪低落时，是多么容易产生更多的消极想法了吗？因此，你必须改掉让消极想法堆积起来的思维习惯，从而避免发生以上的情况。

以我自己为例。我的膝盖有些旧伤，所以很多运动我都无法参加。但我一直很喜欢运动，所以膝盖的问题就成了我痛苦的根源。幸运的是，我很少会感到膝盖疼痛。可一旦它疼起来，就可能引发我的负面情绪。有一天，当我试图观察自己的思维过程时，我突然意识到，膝盖的疼痛会对我的心情产生消极的影响，这会导致恶性循环，进而引发更多的负面情绪。疼痛会让我想起工作和生活中的所有不满意，结果就是我可能几个小时甚至几天都陷入负面情绪中。

我要强调的是，即便你的生活很美好，如果你花大量时间关注那些所谓的问题，你也会变得非常沮丧。因此，为了减少负面情绪，你必须学会将问题分开处理。不要让你的大脑把大量无关的事情关联起来，因为大脑同时处理这么多问题，只会将问题放大，进而使你感觉更糟。相反，请记住，负面情绪只是暂时存在于你的大脑中。其实单独来看，你的大多数问题都没什么大不了，你完全没有必要一次性解决所有问题。

那么，请开始关注你的感受。记录你的负面情绪，看看到底是什么触发了它们。这样多做几次，你就会发现特定的模式。例如，如果你已经难过了好几天，不妨问问自己下面这些问题：

· 是什么触发了我的负面情绪？
· 这两天是什么助长了它们？
· 我的消极想法是如何一个接一个产生的？
· 我要如何以及为什么要摆脱这种低迷的状态？
· 我能从这次经历中学到什么？

回答这些问题是非常有价值的，它们将在很大程度上帮助你在未来很好地处理类似的问题。

情绪的匹配性

之前我们讨论过，你会产生与自己的情绪状态相匹配的想法。反之亦然。在特定时期内，你不会产生与自己的感受不同步的想法。即使你试图去产生积极的想法，你的大脑也不会接受它们。这就是为什么在悲伤的时候，虽然积极的想法可能会不时地闪过你的脑海，但你却无法与它们建立联系，更无法改变自己的情绪状态。

情绪的阶梯性

你是否曾在悲伤时被鼓励要振作起来，或在遭到背叛时被教导要懂得感恩？这样真的有用吗？我想可能并没有，因为在你所处的情绪状态下，你很难感受到这些积极的情绪。

埃丝特·希克斯（Esther Hicks）和杰里·希克斯（Jerry Hicks）在他们的《有求必应》（*Ask and It is Given*）一书中提供了一个情绪阶梯模型，以解释情绪是如何逐级联系在一起的，以及人们该如何从消极情绪转换到积极情绪。举例来说，在这个模型中，抑郁或绝望处在阶梯的底部，然后是愤怒。这意味着，当你感到抑郁或绝望时，愤怒其实表明你正在攀登情绪的阶梯。这很有道理。人们在生气时确实比抑郁时更有活力，不是吗？

最近，在经历了一段时间的沮丧之后，我开始感到愤怒。由于某些原因，我厌倦了脑海中一直存在的理论和借口，竟然在愤怒的助力下完成了一项自己一直逃避的任务。因此，我发现自己其实是利用愤怒创造出的动力来攀登情绪的阶梯的。

也就是说，遇到很多负面情绪时，你可以试着寻找那些能够带给你更多能量的情绪。有时候，所谓的负面情绪，比如愤怒，可以帮助你战胜那些更为负面的情绪，比如绝望。只有你自己才最了解自己的感受，因此，如果愤怒可以使你感觉更好一些，那就接受它。

情绪和精神痛苦

你有没有想过生活中很多不必要的痛苦其实都是你自己造成的？每当认定一个想法，或深陷某种情绪时，你都会感到痛苦。对身体疼痛的反应就是一个很好的例子。每当感到身体哪里疼痛时，你的第一反应总是想要弄清楚疼痛的原因到底是什么。而且，当你这样做时，你会不自觉地产生一些消极想法。对这些想法的认同又造成了更大的精神痛苦。以下列出了在这种情况下你可能会产生的一些消极想法。

· 如果这种疼痛永远不消失呢？

· 如果我因为疼痛而不能再做我想做的事情呢？

· 如果情况变得更糟呢？

· 如果我需要做手术呢？

· 如果我不能去上班呢？我必须按时完成一个非常重要的项目。

· 带着这种痛苦，今天要做的所有事情都会变得充满挑战。

· 我没有钱。如果情况变得更糟，我该如何支付医药费？

这种内心的对话造成了你的痛苦，但无助于解决问题。其实，你仍然可以一切如常，采取正确的行动，无须担忧上面的任何问题。也就是说，负面情绪不是问题的所在，它们对你造成的精神痛苦才是。

造成精神痛苦的另一个例子是拖延。你是否有过这样的经历：一项早就应该着手的工作被你拖延了数天或数周才开始，直到工作完成了，你才突然意识到其实这就是小事一桩。我就有过这样的经历。想一想，最令我们疲惫的是什么？是工作本身，还是在拖延过程中的种种担忧？

又或者由于睡眠不足，你一直告诉自己今天将是艰难的一天。带着这样的想法，可能你只是想象了一下今天需要完成的所有任务，就已经筋疲力尽了。

心理学家已经发现，精神痛苦会消耗我们大部分的精力。毕竟，整天坐在办公桌前是不应该感到如此疲惫的，但事实是我们中的许多人在结束一天的工作时会感到筋疲力尽。戴尔·卡耐基（Dale Carnegie）在他的经典著作《如何停止忧虑，开创人生》（*How to Stop Worrying and Start Living*）中写道：

> “A. A.布里尔（A. A. Brill）博士，美国最杰出的精神科医生之一，在这方面的研究有了突破性的进展。他指出，久坐不动的工人的疲劳感百分之百是由心理因素（情绪）造成的。”

人们给自己制造了太多的痛苦。相信读完本书后，你能意识到这种自己给自己制造痛苦的行为是多么愚蠢。你会发现自己身边的很多人其实一直都生活在那个无法改变的过去中。我们的家人和朋友总在不停地担心着他们无法预测的未来，还有很多人一直纠结于一些只存在于他们头脑中的问题。数千年来，哲学家一直在告诉我们，所谓的问题其实只存在于我们自己的头脑中。他们一再地邀请我们更深入地思考这个问题。然而，今天又有多少人在这么做呢?

我们中有太多人一直深陷在这些所谓的问题里。他们往往不是选择让问题自然消失，而是不停地抱怨，并且总感觉自己是受害者，总是去责怪他人，或仅仅只是讨论这些问题却不去解决问题。为了减少这种精神上的自我折磨，我们必须拒绝以消极的方式来解读我们的情绪。

有些问题根本就不存在

如果我们进一步分析，并客观地看待现实，就会发现其实很多问题根本就不存在。原因如下：

· **你不关注的东西并不存在。**只有当你关注它时，问题才会存在。从思维的角度来看，不去思考的东西就不存在。让我们以一个假设为例。想象一下你现在失去了双腿（当然，通常这种情况是不会发生的）。如果你选择立即接受这一事实，并拒绝产生任何与之相关的想法，就不会产生任何问题，因此也不会有精神痛苦。你只会生活在现实中。

· **问题只存在于时间里。**问题只存在于过去或未来。过去和未来又在哪里呢？它们在你的意识里。要承认一个问题的存在，你必须去思考它，这种思考只存在于流逝的时间里，而不是在此时此刻。

· **被标记的问题才会成为真正的问题。**只有当你将某种情况解读为问题时，问题才会存在。否则，根本没有问题。

这个观点起初可能很难理解，但它是最基本的理论。在下一部分中，我将继续介绍影响情绪的不同因素。

实践练习

请完成实践练习部分相应的练习（第1部分“什么是情绪?”的练习4“认识情绪的本质”）。

Master Your Emotions

第 2 部分
影响情绪的因素

> 大脑的运行遵循计算机领域著名的“GIGO原则”——无用输入，无用输出（garbage in, garbage out）。如果你的行动、言谈、思想都消极，结果就糟糕；如果你的行动、言谈、思想都积极，结果就完美。
>
> 欧姆·塞瓦米（Om Swami）
>
> 《百万想法》（*A Million Thoughts*）

情绪很复杂，受很多因素影响。在这一部分中，我们将讨论哪些因素会影响情绪。幸运的是，在某种程度上，这些因素都是可控的。

如果排除由生存机制引起的自发性情绪反应，**大部分情绪其实都是人为制造的。**也就是说，你看待事物的方式会影响你的情绪。此外，你的睡眠情况、你的身体、你的所思所想、你说的话、你的呼吸方式、你所处的环境、你听的音乐等也会影响你的情绪，进而影响你的生活。下面，我们将分别来看看这些因素是如何影响情绪的。

第4章 睡眠对情绪的影响

你的睡眠质量和睡眠时间会影响你的情绪状态。你应该清楚睡眠不足（睡眠剥夺）有哪些副作用吧？睡眠不足时，你可能会变得脾气暴躁、注意力无法集中、无精打采，或很难处理自己的负面情绪。

睡眠不足会以各种方式影响你的情绪。

一项针对焦虑和抑郁患者的调查显示，大部分患者每晚睡眠时间不足6小时。

睡眠不足也会增加死亡的风险。非营利组织兰德欧洲（RAND Europe）2016年进行的一项研究表明，每晚睡眠时间不足6小时的人和睡眠时间为7~9小时的人相比，死亡率会增加13%。该研究还表明，睡眠不足每年会给美国造成400多亿美元的损失。

更令人惊讶的是，睡眠不足似乎也会影响个体获得积极体验的能力。一项研究表明，睡眠充足的人能更多地看到事物积极的一面，而睡眠不足的人往往不具备这样的能力。

如何提高睡眠质量？

以下是提高睡眠质量的一些方法。

· 让卧室的光线更昏暗一些。许多研究表明，卧室光线越暗，越有利于入睡。如果夜晚你的房间不是完全漆黑的，或许你应该想办法改变一下。睡眠眼罩或者遮光窗帘都是不错的选择。

· 睡前避免使用电子设备。这里说的电子设备包括智能手机、平板电脑、电视等。美国国家睡眠基金会称："研究表明，即使是小型电子设备也能产生足够的光线来误导我们的大脑，使我们更加清醒。即便是成年人也很容易受到电子设备的影响，孩子受影响的程度更严重。"2014年发表在《美国科学院院报》（PNAS）上的一篇文章指出，褪黑素是一种帮助人们调节睡眠模式的化学物质。与阅读纸质书相比，使用电子设备阅读使得被试者在准备进入睡眠状态时，体内的褪黑素减少了50%。由于褪黑素减少，他们需要多花大约10分钟才能入睡，并因此少了10分钟的深度睡眠时间，并且早晨起床后感觉不是十分精神。现在，很多电子设备都有夜间模式，但即便是弱光仍有可能对我们的睡眠产生负面影响。你可以试试电子设备的夜间模式，看看是否会影响你的睡眠。如果必须在晚上使用电子设备，你可以考虑佩戴防蓝光眼镜来减小影响，而且最好在睡觉前几个小时就戴上。

· 放松大脑。不知道你是否也像我一样，一到该睡觉的时候，头脑中就会产生各种各样的想法。那些新想法或突然很想做的事情很容易让人感到兴奋。我经常感觉自己应该在白天完成好多事情，这种感觉让我很难入睡。除了在睡觉前关闭电子设备外，我发现听舒缓的音乐也是很有帮助的。阅读纸质书能在很大程度上帮助我进入放松的状态（只要这本书的内容不会让人太兴奋——你知道的，这样的书有很多）。

· 避免在睡前两小时内喝太多水。这一点是显而易见的，但我仍然想强调一下。因为半夜醒来去洗手间必然会打乱你的睡眠模式，并且可能会让你第二天起床之后更加疲惫。

· 形成睡前惯例。仅此一项其实就可以帮助我们更好地进入睡眠状态。最好每天晚上（包括周末）都在同一时间做睡前准备活动。如果你喜欢周末出去玩通宵，那么这对你来说可能是个挑战，但我仍然鼓励你尝试一下这种方法，看看效果如何。睡前惯例也有助于你形成晨起惯例。只要形成了睡前惯例和晨起惯例，那么你可以轻松做到每天在同一时间醒来又不会感到很疲惫。如果你确实需要在周末熬夜，你也可以试着在平时同一时间起床，并在白天条件允许时打个盹。

如果你总是感觉睡得不好，不妨尝试一下以上方法。我能给你的最好建议是不断尝试各种有利于睡眠的方法，直到找到最适合自己的。

第5章 身体对情绪的影响

> 我们的身体会改变我们的思想，我们的思想又会改变我们的行为模式，而我们的行为模式最终会改变一切事情的结果。
>
> 埃米·卡迪（Amy Cuddy）

身体姿势和面部表情

通过改变身体姿势和面部表情，你可以改变自己感受事物的方式。当感觉自信或快乐时，你会舒张身体，使自己看起来更强大。你是否注意到，男性在看到一个有魅力的女性时，往往会做出抬头、挺胸、收腹等动作？这是一种下意识的行为，旨在展现自身的自信和力量（这和大猩猩捶胸是一样的道理）。

哈佛商学院教授、社会心理学家埃米·卡迪的一项研究表明，被试者在做出高能量姿势（指彰显权威和能量的身体姿势）仅仅两分钟后，就会不自觉地表现出与那些非常自信或有权势的人相似的人格特征。她还进一步分析了实验中被试荷尔蒙水平的变化。

在做出高能量姿势两分钟后：

· 睾丸激素增加了25%；

· 皮质醇减少了10%；

· 风险承受能力提高，86%的被试者选择参加投机类的游戏。

在做出低能量姿势两分钟后：

· 睾丸激素减少了10%；

· 皮质醇增加了15%；

· 风险承受能力下降，只有60%的被试者选择参加投机类的游戏。

也就是说，你可以仅仅通过改变身体姿势或面部表情来改变自己的感觉。这和有些人说的“假装成功直到真的成功”（Fake it till you make it）的意思差不多。例如，做出高能量姿势和面带微笑会让你感到更快乐，反之，做出低能量姿势可能会引发负面情绪，甚至导致抑郁。

大卫·雷诺兹（David Reynolds）在他的《建设性生活》（*Constructive Living*）一书中讲述了他是如何改变自我、塑造出另一个身份——大卫·肯特（David Kent），一个患有抑郁症、有自杀倾向的病人的。雷诺兹的目的是成为被各类精神病院所接受的匿名患者，以便从亲历者的角度对这些医院进行评估。当然，他不是假装抑郁，而是真的有抑郁倾向，专业的心理测试可以证实这一点。他在书中讲述了他是如何将自己变成抑郁症患者的：

> “下面这些做法都有可能导致抑郁：懒洋洋地坐在椅子上，弯腰驼背，垂头丧气，并一遍又一遍地重复这些话：‘所有人都无能为力。没有人能帮助我。我很绝望。我感到很无助。我打算放弃了。’同时，慢慢摇头、叹息、哭泣。总之，你表现得越抑郁，真正的抑郁情绪出现得越快。”

运动的益处

波士顿大学心理学教授迈克尔·奥托（Michael Otto）指出：“坏情绪来袭时不运动，就像头痛时坚决不服用阿司匹林一样。”

当大卫·肯特想要做回大卫·雷诺兹时，你认为他需要做些什么呢？他需要让自己动起来。这听起来似乎很容易，但如果一个人真的患有严重的抑郁症，那么这件事就会变得非常困难。当然，雷诺兹比任何人都更清楚这一点。即使非常不情愿，他还是强迫自己开始运动。随着运动频率不断增加，生活逐渐忙碌，他的情绪变得越来越好，并最终战胜了抑郁症。

大卫·雷诺兹的故事告诉我们，有规律的运动不仅可以增强体质，还可以改善情绪。研究表明，运动可以像抗抑郁类药物一样有效治疗轻度或中度抑郁症。在杜克大学临床心理学教授詹姆斯·布鲁门塞尔（James Blumenthal）的一项研究中，患有严重抑郁症且极少运动的成年患者被随机分成了4组：监督运动组、自发运动组、服用抗抑郁药物组和服用安慰剂组。4个月后，布鲁门塞尔发现，两个运动组和服用抗抑郁药物组的患者的抑郁症状都得到了有效缓解。因此他得出结论，在某种程度上，运动和抗抑郁药物有着相同的治疗效果。

一年后对这些患者进行回访时，布鲁门塞尔发现，那些仍然保持规律运动习惯的患者，抑郁症测试得分低于那些偶尔运动的患者。这样看来，运动不仅有助于缓解抑郁症状，还可以有效防止抑郁症复发。因此，运动是改善情绪的一种非常有效的手段。

幸运的是，不是每天跑十几千米才能达到锻炼目的。每周5天、每天30分钟步行就会收到意想不到的效果。发表在《公共科学图书馆·医学》（*PLoS Medicine*）的一篇文章指出，每周进行2.5小时的适度运动就有可能延长3.25年的寿命。另一项来自丹麦的研究表明，在5000多名参与调查的人中，定期锻炼的人比那些久坐不动的人能多活5~7年。

运动对情绪不仅有即时的益处，也有长期的益处。奥托教授认为，通常我们在进行适度运动后5分钟内就会感觉情绪有明显好转。而且，正如我们刚刚讨论的那样，规律运动可以长久地改善人的情绪状态，并且能达到和抗抑郁药物一样的效果。

那么，你打算从现在开始安排一些什么运动来改善自己的情绪呢？

第6章 思想对情绪的影响

> 一个人的样子就是他整天所想的那个样子。
>
> 拉尔夫·瓦尔多·爱默生（Ralph Waldo Emerson）
>
> 文学家、思想家

你的思想决定了你是谁，进而创造了现实中的你。这就是为什么你应该让自己的大脑去思考什么是你真正想要的。正如成功学家布赖恩·崔西（Brian Tracy）所说：“成功的关键是使我们的意识专注于那些我们渴望的事情上，而不是我们担忧的事情上。”

冥想的益处

人的思维通常被称为“猴子思维”，因为我们头脑中的想法就像是麻木地在树上荡秋千的猴子。这些“猴子”随处可见，并且不断地冒出来。冥想有助于驯服这些“猴子”，治愈你的焦躁不安。冥想时，你会意识到很多想法正源源不断地涌入你的脑海。通过不断练习，你可以学会和这些想法保持距离，以减少它们对你的控制和影响，从而降低引发负面情绪的概率，让你感到更平静。

想象的益处

你的潜意识是无法清晰地区分真实体验和虚构体验的，这意味着你可以通过想象出一个自己十分渴望的体验来欺骗大脑。你想象出的细节越多，你的大脑就越相信这个虚构的体验。

你可以通过想象获得更多积极的情绪体验，比如感恩、兴奋或快乐。这实际上是通过调整思维模式来获得更积极的情绪体验，我们将在第 14 章对此进行更深入的探讨。

第7章 语言对情绪的影响

有时候你可能并没有意识到，语言对一个人的思想和行为的影响其实是很大的，三者是相互关联的。举个例子，当你缺乏信心时，会不自觉地使用某些说法，比如“我试试”“我希望”“但愿”，而这些说法反过来又会让你感到更加不自信。但同时，这也意味着你可以用某些说法来增强自信心，比如“我一定能够……”。你可以说“我一定能够找到一份新工作”或“我一定能够在本月底之前完成这个项目”，这要比“我希望能找到一份新工作”或“我试试在本月底之前完成这个项目”这样的话，更能增强你的信心。

为了增强自信心，你不妨试着用一些正面的说法来替换那些可能会导致自我怀疑的说法。

应该避免使用的说法

- 应该 / 可能。
- 试试 / 希望。
- 也许。
- 但愿一切都好。
- 如果一切顺利。

可以取而代之的说法

- 我可以。
- 绝对。
- 肯定。
- 当然。
- 我确定。
- 很明显。
- 毫无疑问。
- 没问题。

正面肯定句的力量

你可以有规律地对自己重复一些正面肯定句，直到你的潜意识认为它们表达的意思是真的。随着时间的推移，这种正面肯定句可以帮助你调整思维模式，从而使你体验到更多类似于自信或感恩这样的积极情绪。关于如何调整思维模式，请参考第14章的相关内容。

练习使用正面肯定句

· 尽量说现在如何，而不要说将来如何。

· 不要用消极的方式来表达，比如不要说“我不是一个害羞的人”，而要说“我是一个自信的人”。

· 重复特定的正面肯定句至少5分钟。

· 最好每天都练习，坚持一个月或更长的时间。

· 练习的同时通过想象融入自己的情感。

一些强有力的正面肯定句

· 我喜欢自信的状态。

· 我不会被他人的想法所左右。

· 我不比任何人差。

· 我爱你 ____________（在横线上写上自己的名字。对着镜子，勇敢地看着自己的眼睛，大声说出来，虽然刚开始这样做会略显尴尬）。

· 谢谢你！

日常练习中的注意事项

· 坚持每天使用正面肯定句并重复5分钟。

· 尽量不用那些含有消极否定意味的说法。每次发送电子邮件前，请仔细检查一下，删除“我会尝试”“我应该”“我希望”等，用其他含有积极肯定意味的说法来替换。

· 在未来的3周里，挑战自己，避免使用含有消极否定意味的词语。

几十年来，在会见客户或举办研讨会之前，著名的人生导师托尼·罗宾斯（Tony Robbins）一直坚持使用“自我催眠法”——他会同时使用某些身体姿势和含有积极肯定意味的说法来让自己处于积极的情绪状态，从而对接下来要做的一切充满信心。在进行自我肯定的时候，你也可以尝试让身体参与进来。请记住，语言和身体都会影响情绪。

第8章 呼吸对情绪的影响

持续几天不吃不睡可能并不会威胁我们的生命，但如果没有氧气，我们可能连几分钟都撑不下去。尽管呼吸是一种自然的生理现象，但事实上，许多人并不知道该如何正确地呼吸，因此他们不能通过呼吸获得足够的能量。这会使他们更容易感到疲劳，从而影响情绪，甚至引发负面情绪。

正确的呼吸方式可以使我们获益良多。适当放慢呼吸节奏有助于减少焦虑。在《呼吸：通过呼吸使身体、思维和精神恢复活力》（*Breathwalk: Breathing Your Way to a Revitalized Body, Mind and Spirit*）一书中，古鲁查兰·辛格·柯汉撒（Gurucharan Singh Khalsa）和尤吉·巴赞（Yogi Bhajan）总结了慢呼吸的一些好处。

· 每分钟8个呼吸周期：可在一定程度上释放压力并增强感知能力。

· 每分钟 4 个呼吸周期：进一步增强感知能力并提高视力和身体的敏感性。

· 每分钟 1 个呼吸周期：优化左右半脑之间的协作关系，高效缓解焦虑、恐惧和担忧等负面情绪。

此外，练习快速呼吸（比如火呼吸[①]）也能更好地释放压力，使思维更加敏捷、整个人更有活力等。

---

① 火呼吸是昆达里尼瑜伽练习中的基本呼吸方法之一，是一种快速的、持续的、有节律性的呼吸，呼和吸的时间相等，中间没有停顿。——译者注

第9章 环境对情绪的影响

环境也会影响你的感受。这里所说的环境是指你周围的一切，它们都以某种方式影响着你。它们可能是和你一起出去玩的人，也可能是你爱看的电视节目，又或者是你居住的地方。例如，不争气的亲戚可能会拖累你，而凌乱的办公桌同样会令你沮丧。

我注意到，当我感到萎靡不振时，收拾桌子、打扫房间或整理电脑上的文件都会使我重获动力。

你如果想获得更多关于如何利用环境来改善情绪的信息，请参见第16章的相关内容。

第10章 音乐对情绪的影响

我们都知道音乐可以影响心情。谁还没在运动时听过几首电影主题曲呢？下面我们就来看看音乐的作用有哪些。

- 让你在疲惫不堪时得到放松。
- 在你情绪低迷时给予你适当的激励。
- 在你运动时帮助你坚持下去。
- 唤醒你的感恩之心。
- 让你时刻保持积极的情绪状态。

很多研究显示，听音乐可以帮助人们改善情绪。在2012年进行的一项研究中，被试者只是在听了2周（每周5天、每天12分钟）旋律优美、节奏明快的音乐后，就报告自己出现了更多的积极情绪。有趣的是，这种效果仅出现在那些被要求努力改善自己情绪的被试者身上，其他被试者的情绪并未得到明显改善。

2014年进行的另一项研究也表明，音乐可以减少人的负面情绪并增强人的自尊心：

> “具体来说，音乐在心理方面最重要的作用就是调节情绪，主要表现为有效减少抑郁和焦虑情绪、提升情绪表达和人际沟通能力、增强自尊心、提高生活质量等。”

美国宾夕法尼亚州立大学的瓦利莱·N.斯特拉顿（Valerie N. Stratton）博士和安妮·H.扎洛斯娃（Annette H. Zalaowski）也对音乐如何影响人的情绪做了深入研究。他们要求学生坚持听两周音乐并通过日记来记录自己的感受。斯特拉顿博士据此得出结论：

> “学生听了音乐后不仅体验到了更多的积极情绪，而且强化了他们固有的积极情绪。”

值得一提的是，音乐的类型和听音乐时的环境似乎并不影响这个结论。无论学生是听摇滚乐还是古典乐，无论是在家里、开车时还是社交时听，他们的情绪都得到了相应的改善。

用音乐来调整思维模式

你可以采取更进一步的方法，通过创建符合自己情绪需求的音乐播放列表，用音乐来调整思维模式。世界一流的耐力运动员兼教练克里斯托弗·伯格兰（Christopher Bergland）就一直用音乐来帮助自己长期保持运动积极性，并稳定地发挥出最佳水平。他在《今日心理学》（*Psychology Today*）上发表过一篇文章，其中写道：

> “身为一名运动员，为了能够时刻保持最佳竞技状态，我建立了一种理想的思维模式，并用一系列经典的音乐来强化它。在这种思维模式下，我能够不断超越自我并拥有坚不可摧的信念。在参加训练和比赛时，这种思维模式的益处更加明显——即使在非常恶劣的天气条件下，或当身体受伤时，我也能够利用音乐（和想象力）为自己创造出一个不受现实环境影响的平行空间。在参加一些挑战极限耐力的比赛时，听音乐能使我保持乐观，并认为自己有无限可能。在日常生活中，你同样可以用音乐来调整思维模式。”

克里斯托弗还喜欢在大型采访或公开演讲前听特定的音乐。

就我本人而言，我很喜欢听那些能够带给我愉悦感的音乐。你呢？你会如何用音乐来改善情绪、调整思维模式呢？

尝试不同类型的音乐

试着去听不同类型的音乐，看看如何利用它们来改善情绪。例如，你可以在冥想、锻炼身体或做作业时听音乐。需要注意以下两点：

· 每个人都是独一无二的。不要根据流行程度选择音乐，而要听那些能带给你想要的感觉的音乐。要知道，每个人的音乐品味是不同的，你只需留意自己听音乐时的感受就可以了。

· 不断地尝试。听不同类型的音乐，看看它们会给你带来怎样的感觉。受到鼓舞了吗？产生动力了吗？开心吗？彻底放松了吗？那么，现在就开始创建属于你的音乐播放列表，用心感受音乐带来的那些特定的情绪吧。

实践练习

请完成实践练习部分相应的练习（第2部分“影响情绪的因素”的练习1“认识影响情绪的因素”）。

Master Your Emotions

第 3 部分
如何改善情绪？

> 你的大脑总是倾向于否定或逃避当下。事实上，你的大脑越是这样做，你遭受的痛苦就越多。换句话说，如果你能尊重和接受自己现在的状态，那么你的痛苦也会随之减少——你将摆脱大脑的控制，从你的思维中解放出来。
>
> 埃克哈特·托利,《当下的力量》

在这一部分里，我们将讨论如何应对消极情绪，以及如何调整思维模式来体验更多的积极情绪。

首先，我们将讨论情绪是如何产生的。其次，我们将分析一下积极想法的好处，以及如何利用它来调整思维模式。再次，我们来了解一下为什么仅仅有积极想法是不够的，以及我们还可以做些什么来应对负面情绪，具体内容如下：

- 如何放下情绪；
- 如何改变固有认知，变得更加积极主动；
- 如何调整思维模式；
- 如何通过行为来改善情绪；
- 如何改变自己所处的环境以减少负面情绪。

最后，我将分享一些短期和长期的解决方案，帮助你更好地应对负面情绪。

下面我们就开始吧。

第11章 情绪是如何产生的？

> 当大脑产生一个想法时，如果你选择认同它，那么这个想法要么变成欲望，要么引发情绪——积极的或消极的情绪。
>
> 欧姆·塞瓦米,《百万想法》

很少有人知道情绪是如何产生的。虽然我们每天都在体验各种各样的情绪，但几乎没人花时间去了解为什么我们会有这些情绪以及它们是如何产生的。

让我们先来认识两种不同类型的负面情绪。第一种是本能的负面情绪。这些情绪能让我们生存下去，比如我们的祖先遇到猛兽时产生的恐惧。

第二种负面情绪是我们通过认同自己的想法而在头脑中创造出的情绪。这种情绪不一定是由外部事件触发的——当然，它也有可能被外部事件触发。这种负面情绪往往比第一种负面情绪持续的时间更长。下面让我们来看看这种负面情绪是如何工作的。

当一个消极想法出现时，如果你选择认同它，那么伴随着这种认同，相应地你会体验到某种情绪。随着你不断地认同这种想法，相应的情绪也会变得越来越强烈，直到它成为掌控你的核心情绪。举例如下。

· 你在经济状况方面存在一些问题，所以每次大脑中出现与金钱有关的想法时，你都非常在意。因此，你对金钱的担忧逐步加剧。

· 你和朋友为了某事争论不休，最后吵了一架。事后，你不停地在脑海中回放当时的情景。结果，几个月过去了，你仍然没有主动打电话与朋友和解。

· 你在工作中犯了一个错误，为此你感到羞愧。你一遍遍地自责，并不停地想起这个错误，于是你的羞愧感变得愈发强烈。

反复认同消极想法会进一步强化它。你越在意自己的经济状况，未来越有可能产生这方面的消极想法。你越是不停地在脑海中重演与朋友的争吵，由此产生的怨恨感也越强烈。同样，当你不断地回想在工作中所犯的错误时，你的羞愧感会不断加剧，并可能导致你在工作中再犯同样的错误。这种逻辑的关键在于，如果你给消极想法提供足够的生存空间，它会迅速传播开来并控制你的大脑。

这一简单的认同过程会使那些看似无害但很可能十分消极的想法控制你的大脑。你对消极想法的认同，以及你如何解读那些生活事件（这一点更重要），才是你生活中痛苦的根源。

现在，让我们更具体地看看情绪是如何产生的，这有助于你在更好地处理消极情绪的同时强化积极情绪。下面这个公式可以很好地解释情绪是如何产生的。

解读＋认同＋重复＝强烈的情绪

· 解读：根据你的固有认知来解释一些事件和想法。

· 认同：在特定想法产生时你选择认同它。

· 重复：同样的想法反复出现在你的脑海中。

· 强烈的情绪：当你多次体验同一种情绪时，它就已经成为你自我认同的一部分了。每当与之相关的想法再次出现，你自然而然地又会体验到这种情绪，并且它会变得愈发强烈。

总之，解读、认同和重复共同为某种情绪的滋长提供了空间。相反地，当这个公式中任何一个要素被删除时，这种情绪也就失去了对你的掌控。

总结一下，为了提高某种情绪的强度和延长其持续时间，你必须先对某个想法做出解读。之后你需要在它出现时认同它。最后，你还要一次又一次地让这个想法在你的大脑中出现并反复认同它。

现在，让我们更深入地讨论一下公式里的每个要素。

1.解读

解读＋认同＋重复＝强烈的情绪

负面情绪往往源自你对某件事或某个想法的解读。两个人在面对同一件事时会产生不同的反应，一个人可能会被这件事彻底击垮，而另一个人可能完全不会受到任何影响。

例如，下雨对农民来说可能是一件好事，但对那些要去野餐的人来说可能就不妙了。这是因为不同的人从不同的角度出发，对同一件事有不同的理解。**简而言之，负面情绪的产生，是因为我们给特定的事件加入了自己的解读。**也就是说，如果没有这些解读，负面情绪就不会产生。

那么，为什么你会一直被负面情绪困扰呢？我认为这是因为现实总是与你所期待的不同。

- 你的期待和现实可能截然相反。

- 你准备去野餐，希望有个好天气，可偏偏下起了大雨。
- 你想在工作中晋升，却一直都得不到这样的机会。
- 你想通过副业来赚钱，但发现根本赚不到钱。

对现实的解读是人类痛苦的根源。现实本身是不会让人苦恼的，这一点值得深思。我们将在下一章深入讨论如何改变个体的解读方式。

2. 认同

解读＋**认同**＋重复＝强烈的情绪

现在，让我们看看公式里的第二个要素：认同。

情绪要想长期存在，必须有一个认同过程。只有当你特别在意某种情绪时，它才会一直发展下去。你越关注情绪并认同它，它就越强烈。

人们经常对情绪有一种强烈的认同冲动，并且发现自己很难摆脱某种情绪。那是因为他们忽略了一条重要真理：**我们的情绪并不能代表我们，它只是出现在我们生命中的一位过客。**

因此，当你说“我是一个悲伤的人”时，你要知道这个说法并不完全正确。没有人可以用“悲伤”来定义，因为任何一种情绪都无法代表你。它可能暂时看起来像你，但它很快就会消失，就像天空中的云一样。你要将自己想象成太阳——无论能否被感知到，也无论是否被云层遮挡，太阳都一直在那儿。

你的情绪无法代表你。你并不是一个悲伤的人，你只是在生命里一个特定的时间点体验到了一种被称为“悲伤”的情绪。这一点非常重要。我希望你能明白其中的差别。

你也可以换一种方式来理解，比如把情绪看作你每天要穿的衣服。那现在你穿的是什么衣服呢？是兴奋、抑郁还是悲伤？其实不管是什么，请记住，明天或一周后，你就会换掉这件衣服。

你穿某件衣服（情绪）的时间长短，取决于你有多喜欢它（即你对情绪的依赖程度）。情绪本身是没有能量的，你对它有意或无意的认同才使它变得强大。这就是为什么那些你不在意的情绪会慢慢消失。

下面让我们来做一个小练习。每当你感到愤怒时，不妨马上去做一件需要全神贯注才能做的事情，然后你会发现那种愤怒的情绪一下子就消失了。相反，如果此时你选择继续沉浸在这种愤怒里，你会看到它慢慢地变强大，直至完全控制你。

3. 重复

解读＋认同＋**重复**＝强烈的情绪

现在你已经明白了你对某件事或某个想法的解读方式决定了你的感受，也了解了当你认同某个想法时，它就会发展成为某种情绪。那么现在，如果不停地重复这个过程，你的大脑就会习惯于体验这些特定的情绪（积极的或消极的）。

例如，如果你把注意力集中在（你认为）朋友对你做了什么不好的事情上，怨恨的情绪就会滋长，为此你可能好几个月都怀恨在心。人们经常会做这样的事情。你总是将时间浪费在与负面情绪的纠缠上，但其实这些情绪本身毫无意义，只是因为你不肯放下它们。

相反地，如果你能放下怨恨的想法，只是客观地从旁观察它，随着时间的推移，你会发现这种想法会渐渐失去力量，与之相关的负面情绪也会逐渐消失。事实上，如果你在怨恨的想法出现后立即忽略它，那么怨恨的情绪也会立即消失。我将在第13章具体介绍你该如何放下情绪。

现在，请回忆一下最近发生的一件令你感到愤怒、悲伤、沮丧、恐惧或抑郁的事情，然后试着写下以下问题的答案。

- 解读：到底发生了什么事？你因此产生了哪些想法？
- 认同：这些想法让你产生了什么反应？
- 重复：你是否反复认同了这些想法？

实践练习

请完成实践练习部分相应的练习（第3部分“如何改善情绪？”的练习1“学习抵御负面情绪”）。

第12章
改变解读方式

> 屠宰牲畜的场面可能会引发你的负面情绪，但屠宰牲畜这件事对屠宰场的经营者来说是有利的，对操作屠宰机器的人来说更是再平常不过的事儿了。这完全取决于你看待这件事的角度。
>
> 欧姆·塞瓦米,《百万想法》

事件或想法本身无法改变你的情绪，影响情绪的是你解读事件或想法的方式。这就是为什么两个人面对同一件事会有不同的反应：一个只看到其中的问题并归咎于外部环境，另一个却能看到其中的机遇并抓住它；一个深陷在消极的想法中，另一个则会因此成长。

你的解读方式其实与你对生活的假设密切相关，因此，你必须先清楚地知道导致你做出这种解读的基本假设是什么。

了解你的基本假设

为了进入某种情绪状态，你会对事情应该是什么样子的做出一些假设。这些假设构成了你的主观现实。你不会质疑这些假设，因为你相信它们是真的。

以下是你可能会做出的一些基本假设：

- 所有的问题都可以避免；
- 这是个问题；
- 我很健康；
- 我至少可以活到 70 岁；
- 我必须结婚；
- 抱怨是正常的；
- 沉溺于过去没有错；
- 我需要为未来担忧；
- 除非 ______________，否则我不会快乐。

下面让我们分别来看一下这些假设。

所有的问题都可以避免。很多人都想摆脱自己面临的问题。

但你有没有想过，如果这些问题就是解决不了怎么办？或者它们其实根本不需要解决呢？当然，有些人的问题可能看起来更容易解决，但每个人都不可避免地会遇到一些问题。或许你可以充分利用这些所谓的问题，从而学会在困难中前行。或许这些问题只是你需要面对的挑战，是生活不可或缺的组成部分。

这是个问题。或许那些被你称为“问题”的事情实际上完全不是问题。有些问题可能没有你想象的那么严重。或许所谓的问题其实是一个变相的机会。

我很健康。人们总是理所当然地认为自己是健康的，但其实谁都不能保证自己明天一定不会生病。如果当下的健康只是因为幸运，而非一成不变呢？这会不会让你以一种完全不同的方式来思考健康问题？

我至少可以活到70岁。你可能一直认为自己能活得足够长，可如果现实不是这样呢？长寿难道不应该是一种祝福，而不是一件理所当然的事情吗？有些人会非常不幸地早逝，但这就是现实。“他死得太早了”这样的说法真的对吗？说“他去世了”不是更准确吗？

我必须结婚。也许是，也许不是，这只是你自己的解读。那些所谓“必须”做的事情，其实只是社会或父母希望你做的，并不意味着你必须去做。这些事情中有很大一部分都只是文化习俗所致或人们的习惯性行为。

抱怨是正常的。大多数抱怨都源于自我价值感缺失。抱怨毫无益处，也不会改变任何事实，只会使周围的人感到不舒服。不妨试试一周不抱怨，看看会发生什么。

沉溺于过去没有错。你可能经常沉溺于过去。每个人似乎都有这种经历。但你是否意识到，过去其实只存在于你的脑海中，无论做什么都无法改变？事实上，从过去的经历中汲取经验教训是有益的，但一直沉溺于过去是毫无意义的。

我需要为未来担忧。人们总是或多或少地为自己的未来担忧，但这样做无济于事。为了避免未来出现问题，你应该在当下努力做到最好。

除非 ____________，否则我不会快乐。并不是拥有完美的生活才能获得快乐。幸福是一种能力，它取决于你每天做出何种选择，你需要不断练习才能获得这种能力。因为正如我们之前所讨论的，外在因素不会对幸福感产生特别大的影响。

以上这些可能只是你众多基本假设中的一小部分。我只是想用这些例子让你明白，你对事件的解读，以及由此产生的情绪，在很大程度上是由这些基本假设所决定的。因此，要体验更多的积极情绪，多花些时间去修正这些假设是非常重要的。

分析你是如何解读的

现在你已经明白，你会根据自己的假设来解读事件。以下这些问题可以帮助你更好地理解“解读”的意思（你需要做出选择）。

·你是否认为每件事的发生都有其原因并能接受它？还是你认为自己永远都是受害者？

·你是否认为挫折只是通往成功的必经之路上暂时出现的情况？还是在遇到重大挫折时你会选择放弃？

·你是否会努力改变那些看似无法改变的事情？还是你会选择默默地接受？

·你是否认为你做每件事情都是有明确目标的？还是你总是过着毫无目的的生活？

·你是否认为出现问题是不好的事情，应该尽量避免？还是你相信这些问题只是生活的必要组成部分？

请记住，决定你是否幸福的最重要的因素，是你选择如何解读自己的生活。

实践练习

请完成实践练习部分相应的练习（第3部分“如何改善情绪？”的练习2“改变你对情绪的解读”）。

第13章 放下情绪

> 情绪只是情绪。它无法代表你，也不是事实，你可以放下它。
>
> 黑尔·德沃斯金（Hale Dwoskin）
>
> 《塞多纳释放法》（*The Sedona Method*）

正如我们前面所讨论的，解读、认同和重复可以刺激强烈情绪的产生。在本章中，我们将具体谈谈我们可以做些什么来放下那些会给我们的生活带来负面影响的情绪。

情绪是一种运动中的能量。如果你阻止能量流动会发生什么事呢？它会慢慢地积累起来。每当你压抑情绪时，其实都是在破坏能量的自然流动。

可惜的是，没有人教你该如何处理情绪。也没有人告诉你，不管是积极的情绪还是消极的情绪，其实都是一种正常现象。相反，人们经常会说，负面情绪会带来消极的影响，应该把它们隐藏起来。

因此，你可能多年来一直都在压抑自己的情绪。这样做的结果是，这些情绪会进入你的潜意识，并成为你自我认同的一部分。它们往往会以一种你完全没有意识到的形式存在。例如，你可能觉得自己不够优秀，或者你可能经常感到内疚。这其实是因为你长期压抑自己的情绪导致的。随着时间的推移，**这些消极想法会慢慢发展成你的核心信念。**

大多数人都有很多情绪包袱，都需要学会放下它们。你要适当地整理自己的潜意识，摆脱那些阻碍你充分享受生活的负面情绪。

实际上，你的潜意识就像一套设计完善的程序，可以帮你解决生活中方方面面的问题。例如，它能确保你不会意外地忘记呼吸，可以帮你保持心脏跳动，可以帮你调节体温，等等。因此，它不需要任何额外的信念或者意识来驱动，就可以正常工作。同样，它也没有必要“储存”各种情绪。

如果你和大多数人一样，遇到事情总是喜欢根据自己的解读翻来覆去地琢磨，那么结果很可能是你在很大程度上与自己的情绪渐行渐远。因此，要释放你的情绪，你必须先意识到它们的存在——通过更多地关注自己的身体和感受的变化。

你可以先客观地观察你的情绪，之后再去定义它，最后学着放下它。你可以通过后文介绍的“5步法”来释放情绪。

客观地观察情绪

每当出现负面情绪时，请你尽量以一种客观的方式去观察。这意味着你要更加关注自己的身体。你应该明白脑海中浮现的那些想法其实都不是情绪本身，只是你对情绪的解读。试着去感受情绪本身。试着去定位情绪。想想你该用什么方式向别人来描述这种情绪。注意一定不要：

· 编一个情绪化的故事。

· 相信任何当你体验这种情绪时脑海中出现的画面或想法。

定义情绪

你要明白，情绪只是一种暂时性的体验，或者如果你愿意，也可以把它理解成是经常要换着穿的衣服，而并不是“你”。

当某种情绪出现时，你可能会说“我很生气”“我很伤心”“我很沮丧”。你是否注意到你多么轻易地认同了自己的情绪？事实上，这是不对的。你体验到的情绪和那个真实的自己无关。如果你的抑郁情绪可以代表你，那么你生命中的每一分每一秒都应该是抑郁的。幸运的是，事实并非如此。

假设你现在很伤心。描述这种情绪的更准确的方式不是说“我很伤心”，而应该说“我感到伤心”,或“我正在体验悲伤的感觉”。

你能看出后面这两种说法和说“我很伤心”有什么不同吗？**它们给你留有足够的心理空间，让你可以从情绪中抽离出来。**你越了解自己的情绪，就越能合理地定义它，也就越容易从这些情绪中走出来，并最终摆脱它。

放下情绪

通常，出于以下原因，你会过度认同自己的情绪并一直深陷其中。

· 你的情绪是你为自己书写的故事的一部分。有时，你会沉溺于这些故事，即使它们会削弱你的力量。是的，你可能会执着于那些自己编造的消极故事，尽管你明白它们毫无益处。

· 你相信你的情绪代表了你，并有一种强烈地想要认同它们的感觉。其实这个时候，你就已经掉入了情绪的陷阱。结果就是，你的过度认同会给你带来痛苦。

以我自己为例。我常常觉得自己不够优秀，因此我认为自己应该更加努力地工作。这种执念迫使我创建了每日任务清单。但即便不分昼夜地工作，我也不可能完成所有任务。经常完不成任务，反过来又强化了“我不够好”的信念。

渐渐地我意识到，这种执念只是自我编造的故事，于是我试着慢慢放下它。这样做后，我注意到自己实际完成的任务并没有减少，只是我不再需要那么挣扎和痛苦了。我工作的内容没有变，但我能在这个过程中获得巨大的价值感。

其实放下情绪的过程中最难的部分在于，你需要通过放弃以下信念来彻底摆脱对自我的依赖：

- 我还不够好，必须要更加努力地工作；
- 比大多数人更努力地工作会给我带来自豪感；
- 努力工作却没有得到想要的结果会使我非常痛苦；
- 我是与众不同的，我比其他人更优秀；
- 世界需要被改变；
- 我可以控制自己所有行为的结果。

正如我们所讨论的，**要释放核心情绪其实并不容易，因为它们已经成为你自我认同的一部分了，你也经常从这些情绪中获得扭曲的快乐。**有时候，你甚至都无法想象，如果没有它们，你会是怎样的人。

释放情绪的“5步法”

黑尔·德沃斯金在他的《塞多纳释放法》一书中提到了释放情绪的3种方法。

第1种，放下情绪。当负面情绪出现时，你可以选择有意识地放下，而不是压抑它或深陷其中。

第2种，接纳情绪。你可以允许情绪存在，但不依赖情绪。

第3种，拥抱情绪。无论是对积极的还是消极的情绪，你都可以持欢迎态度，并通过仔细观察找到核心情绪。

根据黑尔·德沃斯金的说法，不管使用上述何种方法，首先都是要能够意识到情绪的出现。随后，他介绍了释放情绪的“5步法”。

第1步，专注于某种你想处理的情绪，放下它会让你感觉更加舒服自在。它不一定是“深刻”的情绪，引发它的也许只是一个简单的执念，比如不想完成某项特定的任务，或对某件事情有些恼火。

第2步，问自己以下这些问题：

- 我能放下这种情绪吗？
- 我能接纳这种情绪吗？
- 我能拥抱这种情绪吗？

根据自己的选择（放下、接纳或拥抱）来回答相应的问题。

第3步，问自己："我会……吗？"

- 我会放下这种情绪吗？
- 我会接纳这种情绪吗？
- 我会拥抱这种情绪吗？

请诚实地作答，无论答案是肯定的还是否定的。现在你觉得自己可以放下/接纳/拥抱这种情绪吗？即使答案是否定的，也有助于你释放情绪。

第4步，问自己："我要从什么时候开始？"

如果你的答案是"现在"，那么就请立刻释放那些负面情绪吧。

第5步，尽可能多次重复这个过程，直到这种特定的情绪彻底消失。

你可能认为这种方法太简单从而无效。千万别这样想，一定要尝试一下。记住，你不等于你的情绪。要想真正理解这个普遍真理，你需要不断练习如何释放情绪。当你选择有意识地放下、接纳或拥抱情绪时，你将对情绪究竟是怎样产生的以及如何释放情绪有全新的理解。

实践练习

请完成实践练习部分相应的练习（第3部分“如何改善情绪?”的练习3“释放你的情绪”）。

第14章 通过调整思维模式来获得更加积极的情绪体验

> “你可以试着让关于某人或某事的想法只停留在想法本身。正是对某人或某事的解读让你产生了某种情绪。要改变你的情绪，试着去改变你看待某人或某事的方式。
>
> 弗农·霍华德（Vernon Howard）
>
> 《你的超强大脑》(*The Power of Your Supermind*)”

我们在前面讨论了情绪是如何产生的，并学习了释放负面情绪的方法。下面，让我们看看你该如何调整自己的思维模式，从而体验和强化生活中的积极情绪。

很多时候你是自己思想的产物

几千年来，哲学家一直告诉我们，人是思想的产物。佛陀也曾说："相由心生。"

爱默生说过："一个人的样子就是他整天所想的那个样子。"圣雄甘地也说过："人是思想的产物。"

詹姆斯·艾伦（James Allen）在他的经典著作《人如其所思》（*As a Man Thinketh*）中写道：

> "如果一个人彻底地改变了他的思维方式，那么他一定会对由此带来的那些外部物质环境的快速变化感到十分震惊。人们以为自己的思想是完全无法被窥探的，但事实并非如此。思想会迅速发展成习惯，习惯又会固化为外部环境。"

为了控制情绪，你必须知道在情绪产生过程中，思想发挥着什么作用。**你的想法会激活某些情绪，而这些情绪反过来又会使你产生更多的想法。**思想和情绪是彼此滋养的。

比如，你如果有"我不够好"这样的想法，就很可能会被羞愧等负面情绪缠绕。相反，当你为"我不够好"这个想法感到羞愧时，你将产生更多的消极想法。你会特别在意那些（你认为）

你不擅长的事情，或者反复地回想过去的失败经历。这样做反过来也会强化你的这种错误的信念。

思想产生情绪，情绪支配行为。如果你觉得自己不值得晋升，你也就不会要求晋升。如果你认为一个男人（女人）配不上你，你当然也不会约他（她）出去。

简单来说，这就是思想的运作机制。思想会产生支配行为并改变现实环境的情绪。对于这一切，短期内你可能并没有特别强烈的感觉，但随着时间的推移，你会发现你的思维模式对你的生活有着巨大影响。

你的思想和情绪决定了你的未来

人类拥有其他生物所没有的一种能力：想象力。我们可以用思想来创造事物，把那些本不真实存在的东西在头脑中呈现出来。

然而，某个想法本身不足以创造事物或环境，它必须从不同的情绪（比如热情、兴奋、快乐）中汲取能量。因此，一个对梦想充满热情的人会比一个悲观或缺乏动力的人更容易获得成功。

成功的人总是关注他们想要的东西，并抱有积极的期望，失败的人则更在意他们不想要的或缺乏的东西。后者担心自己缺乏实现人生目标所需的金钱、天赋、时间或其他资源。因此，悲观主义者的成就远远低于他们实际所能达到的成就。

因此，掌控自己的思想和情绪是你应该掌握的最重要的能力之一。这需要你了解情绪是什么，它是如何工作的，以及它的作用是什么。稍后，我们还将讨论怎样利用情绪来实现自我成长。

累积积极的想法

自信的人每天都在头脑中累积积极的想法，他们会为自己小小的胜利而欣喜不已，并以理解和尊重的态度来对待自己，好事自然也会经常发生在他们身上。相反地，自卑的人头脑中充斥着大量消极的想法。他们会忽视自己的成就，认为“这不是什么值得骄傲的事”，并且也不会发现这些成就背后所反映出的自我优势和积极意向——难怪他们会觉得自己毫无价值。

以上两种人的想法都在一定程度上与现实不符，那你认为谁的思维模式更好一些呢？是不断累积积极想法的人，还是一直深陷于消极想法的人？

这是否意味着积极的思维模式能解决我们所有的问题，并一劳永逸地消除负面情绪呢？当然不是。调整思维模式只是掌控情绪的手段之一。

积极想法的局限性

整天对自己说“我很快乐，我很快乐，我很快乐”，并不能真正使你变得快乐。你也许会从中受益，但仍然不能避免负面情绪的侵袭。除非你知道如何应对自己的负面情绪，否则你将成为自己头脑中消极想法的牺牲品。这个想法可以解释为什么你总是失败，或者为什么 ______________________________（在横线上写下那些由于消极想法所导致的后果）。

有趣的是，人们经常沉迷于他们自己编造的故事，甚至是那些消极的故事，并且无法摆脱“为什么我会这样”的想法，因为他们会产生以下这些负面的自我认同：

- 我天生就是不完美的；
- 我永远不会快乐，因为 ________________（在横线上写下你最坚定的负面信念）；
- 我不值得被爱；
- 我永远都完成不了目标；
- 我永远不会步入婚姻的殿堂。

我敢说，你至少沉迷于一种负面信念。现在，我们将讨论如何调整思维模式以获得更加积极的情绪体验。随后，我们还将谈谈在负面情绪出现时如何应对。

选择你想要体验的情绪

要调整你的思维模式，首先要确定你最想体验哪种情绪。是更快乐吗？是更有活力吗？还是做事更积极主动呢？其次要构建一个特定的场景，可以使你体验到你所选择的那种情绪。最后是坚持每天都让自己体验一下这种情绪。

一遍又一遍地体验相同的情绪可以使你更容易“调用”它。**神经科学的研究表明，反复地体验同一种情绪会强化相应的神经通路，使得你未来更容易体验到这种情绪。**简而言之，你体验某种情绪的次数越多，它就越容易再次出现。这就是日常生活中调整思维模式的益处。

你可以用我之前介绍的公式来调整思维模式，从而获得积极的情绪体验。

解读＋认同＋重复＝强烈的情绪

下面让我们来看看该如何使用这个公式。

解读：将某些事件具象化或产生一些你认为积极的想法。

认同：根据你想要体验的情绪来认同这些事件或想法。要做到这一点，你可以使用我在第2部分介绍的所有方法，如正面肯定句和具象化。

重复：继续重复那些特定的积极想法，并认同它们。这样做可以使你的大脑更容易体验到与之相关的积极情绪。

以下是基于你想体验的情绪来练习的一些例子。

1. 感激

为了体验更多的感激之情，你需要在日常生活中多加练习。每天早上，试着让自己专注于那些想感激的事物上。这样练习得越多，你就越能更好地专注于事物积极的一面。可悲的是，大多数人都知道自己应该心怀感恩，却没有做到。这就是为什么我们必须培养感激之情。正如已故的吉姆·罗恩（Jim Rohn）所说："我们不仅需要接受智力教育，还要接受情绪教育。"

你可以通过以下练习来培养感激之情：

A. 写下令你感激的事情。拿出笔和纸（最好准备一个专门用来记录的本子），写下至少3件令你感激的事情。这可以帮助你专注于事物积极的一面。

B. 感谢那些出现在你生活中的人。闭上眼睛，想想你认识的人。当他们一个个出现在你脑海中时，请在心里默默地感谢他们，并至少回忆起一件他们善意对待你的事情。如果你的脑海中碰巧出现了一个自己并不喜欢的人，你也要感谢他，并要努力去寻找他的善意之举。这可以使你的内心变得更强大，或者教会你某些人生道理。不要试图控制你的大脑，就让你认识的人自然地浮现在脑海中。释放你当下或过去所感受到的所有怨恨情绪。

C. 选择一个对象并感激它的存在。

· 在自己的房间里选择一件物品，然后想想它要耗费多少人力、物力以及时间才能被造出来并交到你的手上。例如，如果你选择的是一把椅子，让我们来看看制造它需要做多少工作。首先要有人设计出它，然后还要有人去找制造它所需的原材料，另外还需要一些人去组装它。还需要司机把它运到商店。商店员工需要把它展示出来并想办法推销它。你或其他购买它的人还需要去商店取它。此外，你的车也是由他人造出来的。依此类推。

· 想想这把椅子给你带来了多少益处。还记得有一次你太累了，迫不及待地想坐下吗？当你终于可以坐下来时，是不是感觉超棒？多亏了这把椅子，你可以坐着使用电脑、写作、读书、喝咖啡或和朋友开心地聊天。

D.听感恩之歌或进行感恩冥想。你可以在网上搜索“感恩冥想”来学习。

2.兴奋

有时，你很难对某些事情感到激动或兴奋。因为你感觉自己似乎一直都在重复这些事情，好像被困在了一成不变的规则里。不妨每天早上花一些时间来想想自己想要什么东西，这会刺激你产生兴奋之情。以下是几种具体的方法（请注意，以下方法需要定期练习）：

A.写下你想要什么。拿起纸和笔，在纸的最上面写下“我想要什么”。然后，把你能想到的任何令你兴奋的事物都写下来。

B.将你想要的东西具象化。问问自己："我到底想要什么？"在头脑中具体且清晰地想象一下你想要的东西，这十分重要。例如，想想你理想的职业、人际关系或生活方式，以及你希望在未来10年或更长时间内实现的目标。

C.写下你的目标或梦想。找一个笔记本，写下你生活中各个方面的具体目标，然后每天早上翻一翻。你也可以添加一些图片、涂鸦笔记或其他任何可以激发你热情的东西。

D. 生动地想象一下自己理想的一天是什么样子的。

- 早餐吃什么？
- 打算如何度过这一天？
- 会和谁一起度过呢？
- 晚上想做什么？
- 会住在哪里？
- 这一天的感受如何？

你可以多设计几个关于"理想的一天"的版本，并确保每个版本都会令你兴奋。

3. 确定感

如果你想对自己达到目标的能力更有信心，不妨想象自己已经达到了某个目标，并为此十分开心。你要努力去获得确定感。

你要坚信你心中的那个目标是最完美的，每次想到它，你都想要为它全力以赴。你要坚信目标一定可以达成。

4. 自尊

为了提高自尊水平，你可以记录你的日常成就。其实你做了很多正确的事情，但你往往只记得那些失败的事情，难怪你的自尊心会受挫。准备一个本子专门用来记录那些生活中的小成就吧。例如：

- 我按时起床了；
- 我吃了水果；
- 我整理了书桌；
- 我完成了某个项目；
- 我锻炼了身体；
- 我完成了晨起惯例；
- 我读了书。

正如你所看到的，你不必非要记录那些大的成就。事实上，坚持记录这些小成就并调整思维模式去寻找更多的成就，随着时间的推移，你的自尊水平会得到提高。

有关提高自尊水平的更多内容，请参考第20章。

5.坚定感

当努力让自己遇事更加坚定、果断时，你会发现自己收获的也会越来越多，这将很大程度上影响你的幸福感。犹豫不决并停滞不前可能会造成许多情绪痛苦，我将在第28章讲到这一点。

为了变得更加果断，你可以试试梅尔·罗宾森（Mel Robbins）在同名书中介绍的**“5秒法则”**。梅尔·罗宾森认为，在面对巨大的收获、成功或得到自己想要的一切时，只有一条十分重要的原则：无论你喜不喜欢做某些事情，都要去完成它们。如果你能完成自己并不喜欢的任务，那么你能得到你想要的一切。

她的“5秒法则”认为，从产生一个想法到真正行动之间，你只有短短5秒的时间。如果在这5秒钟里，你没有做出行动的决定，那么大脑就会劝你放弃这个想法。大脑的本性是尽量避免去接触任何不寻常的或耗费精力的事情。例如，你有5秒钟的时间去：

- 在某次活动中向你十分想要结交的人介绍自己；
- 发送一封重要的电子邮件；
- 在会议期间提出一个问题。

你可以先从小事做起，来实践“5秒法则”，从而提高你的决断力。

· 列出一份被你拖延的事情的清单。也许你一直没洗碗或打扫屋子，也许你推迟了给某人打电话或发电子邮件。请把它们写下来。

· 现在，从清单上选择一些你决定用“5秒法则”去解决的事。要保证至少坚持使用这个法则一周。当想到要洗碗、给某人打电话或做其他事情时，试着从5倒数到0，并在数到0之前采取行动。

调整思维模式的过程中应尽量避免的错误

在调整思维模式以获得更加积极的情绪体验时，你要注意避免以下这些错误。

· 试图一次做出很多改变。在尝试改变任何其他思维模式之前，请先坚持改变一种或最多两种思维模式，至少坚持一个月。

· 起始目标太高。坚持从简单的事情入手，并确保改变的过程不会太有挑战性。请记住，学习控制情绪是一个长期的过程，它更像一场马拉松而非短跑比赛。

要想了解关于如何形成令人兴奋的晨起惯例的更多信息，请参阅我的《晨间唤醒：如何安排你的早晨并改变你的生活》(*Wake*

Up Call: How to Take Control of Your Morning and Transform Your Life）一书。

实践练习

请完成实践练习部分相应的练习（第3部分“如何改善情绪?”的练习4“调整你的思维模式”）。

第15章
通过改变行为模式来改善情绪

> 行为看似是由感觉引发的，实际上它和感觉是并行的。通过约束由意志直接支配的行为，我们可以间接约束感觉。
>
> 威廉·詹姆斯（William James），哲学家、心理学家

前面已经提到，身体、思想、语言等都会影响情绪。我们还讨论了如何改变对想法或事件的解读方式，以改变情绪状态。可不幸的是，当负面情绪突然出现且太过强烈时，仅仅改变身体姿势或使用正面肯定句是不够的。事实上，仅仅试图用更积极的情绪取代负面情绪往往也很难成功。你不能总是强迫自己振作起来以克服抑郁，也不能总是通过不断地告诉自己“我还好”来消除

悲伤。同样，你也不能指望简单地重复“我很快乐，我很快乐，我很快乐”就能让那些深刻的伤痛消失。

然而，你可以通过改变行为来改变情绪。行为改变了，你的情绪也会相应地发生改变。这种改变可能立即发生，比如当你想通过完成某些任务来转移自己对愤怒的注意力时；也有可能需要几周甚至几个月的时间才能看到效果，比如当你试图处理强烈的悲伤或抑郁等情绪时。

你如果想要改变自己的情绪，不妨试试在每次负面情绪出现时，问问自己以下这些问题：

· 是什么导致了这种情绪？
· 针对当前的现实，我能做些什么？

回答这些问题后，你就可以确定具体要通过改变哪些行为来改变情绪状态了。

请记住，从本质上讲，情绪是会随着时间的流逝而逐渐消失的，除非你在脑海中一遍又一遍地重演相同的情境来强化它们。下面的实际生活事例可以帮助你更好地理解情绪的这一特性。

事例 1

你如果在和男朋友或女朋友分手后，一直带着悲伤的情绪回忆你们在一起的美好时光，那么肯定需要更长的时间才能完全恢复。虽然沉浸在悲伤里或总是回忆过去并没有错，但如果你想让自己的生活向前一步，那么更好的选择应该是尽可能地避免重温过去。在这种情况下，改变行为的方案应该是：**尽自己最大的努力停止重温过去。**

事例 2

你如果经常担心工作中那些即将到来的公开演讲，那么改变行为的方案可能是要提前演练几个小时。这样做会让你对自己的讲稿非常熟悉，帮助你即使在有心理压力的情况下也能够表现良好。如果希望自己的公开演讲更加成功，你也可以多在同事或朋友面前练习。

事例 3

你如果几周来一直因为某个朋友的言行而怨恨他，改变行为的方案可能是与他真诚交流并分享你的感受。这能帮助你们认清事实、消除误解，避免矛盾激化。人们其实经常会误读某些事情，或对一些根本不存在的事情深信不疑。

事例 4

有时，你会感到悲伤、愤怒甚至沮丧，且对此无能为力。在这种情况下，你能做的就是不要太在意这些情绪，顺其自然即可。坚持做你必须做的事情，让生活继续，直到这些情绪消失。

你要不断练习在负面情绪出现时放下它们，防止它们变得更加强大且无法消除。

实践练习

请完成实践练习部分相应的练习（第3部分“如何改善情绪?”的练习5“通过改变行为模式来改善情绪”）。

第16章 通过改变环境来改善情绪

负面情绪是不可避免的。生活中有些事情，比如分手、失去亲人或染上重疾，非常容易引发负面情绪。

然而，有时候你确实能够控制某些事情。你在日常生活中遇到过破坏你内心平静的事情吗？如果有，你会怎么做呢？

有时，为了减少负面情绪，你需要从一开始就避免让自己陷入那些会引发负面情绪的事情中。也许，看太长时间电视会让你很不舒服。又或者，在脸书上看到朋友们都很幸福，你会觉得自己是个失败者。可你为什么不能少花一些时间在这些事情上呢？

以我自己为例。有一段时间，我发现浏览脸书让我很不开心。我的同行看起来非常出色，我的朋友们看起来也很幸福（我认为是这样的），而我每天还在花好几个小时毫无目的地浏览推送的新闻。我觉得自己很失败。为了避免这种情绪上的损耗，我大幅地减少了在脸书上所花费的时间。自从做出这个决定后，我感觉好多了。

这个例子说明，生活中微小的改变就可以增加我们的幸福感。如果分析一下自己的日常生活，你就会发现确实存在一些阻碍你获得快乐的事情和行为。如果你试着减少一两件这样的事情，或改变某些行为，就有可能明显改善自己的情绪。

你可能已经知道应该怎么做，但可能还没有意识到你的某些行为会对你的幸福感有多大的影响。

下面，我们来讨论一下哪些事情或行为可能会剥夺你的幸福感。你可以问问自己，它们是否会影响你的总体幸福感。

· 看电视。尽管电视内容可能很有趣，但看电视是一种消极的活动，对你的幸福感贡献并不大。

· 花大量时间在社交媒体上。社交媒体很方便，让你与朋友时刻保持联系，但它也会使人沉迷。脸书或推特可能会将你变成一个极度渴望他人认可的人。

· 与消极的人为伍。与什么样的人在一起对你的情绪状态是有很大影响的。积极向上的人会和你一起进步，并帮助你实现那些不羁的梦想。消极的人则会消耗你的能量，让你萎靡不振，甚至彻底失去前进的动力。正如吉姆·罗恩所说："你的成就取决于和你在一起时间最多的5个人的平均水平。"因此，你要尽量多和那些积极向上的人在一起。

· 经常抱怨且总是关注事情消极的一面。你是不是总关注事物消极的一面呢？你会一直沉溺于过去而走不出来吗？如果是这样，那这对你的幸福水平有哪些影响呢？

· 无法做到有始有终。在日常生活和工作中，任务没有完成是否会对你的情绪产生负面影响，使你心烦意乱、不知所措或失去做事情的动力？如果是，说明你的生活中有太多“未闭合的环”，它们可能是你一直在拖延的项目，又或者是你故意避开的那些本该去交流的人。这些“未闭合的环”让你无法做到有始有终。

以上仅仅是几个常见的例子而已，具体情况因人而异。那么，你呢？你觉得哪些事情或行为会剥夺你的幸福感？

实践练习

请完成实践练习部分相应的练习（第3部分“如何改善情绪?”的练习6“通过改变环境来改善情绪”）。

第17章 应对负面情绪的短期和长期解决方案

> 除了人类，地球上没有其他生命形式知道什么是负面情绪，就像没有其他生命形式会亵渎和损害它们赖以生存的地球一样。你见过不快乐的花或紧张万分的橡树吗？你遇到过抑郁的海豚、自尊心受损的青蛙、无法放松的猫或带着愁怨的鸟吗？唯一偶尔可能体验到类似于负面情绪的感受或表现出某些神经质行为的也是那些与人类有密切接触，并因此与人类的思维及可能发生的精神错乱状态产生了某种联系的动物。
>
> 埃克哈特·托利，《当下的力量》

在本章中，我会介绍一些能够帮助你更好地处理负面情绪的方法或技巧。无论你如何善于控制自己的思想，都不能保证未来一定不会体验各种各样的负面情绪，从轻微的沮丧到比较严重的抑郁都是有可能的。面对负面情绪，你应该做到未雨绸缪。

以下是一些可以帮助你应对负面情绪的短期和长期解决方案。

1.短期解决方案

下面这些方法可以帮助你应对负面情绪。试试看哪些对你有用。

A.改变情绪状态

· 转移注意力。对某种情绪来说，你允许它有多强烈，它就会有多强烈。如果你在做某些事情时感受到了负面情绪，请马上去做别的事情让自己忙起来，而不是过多地关注这种负面情绪。也就是说，如果你对某些事情感到生气，那就马上去做你的待办清单上的其他事情。可能的话，找那些最需要全身心投入的事情来做。

· 打破成规。做些看似愚蠢或者不寻常的事情来打破成规，比如大叫一声，跳一段傻傻的舞蹈，或者怪腔怪调地说话。

· 动起来。站起来，出门散散步，做做俯卧撑，跳跳舞，或者摆出一个令你看起来很自信且有领导风范的姿势。通过改变生理或行为习惯，你也可以改变自己的感受。

· 听音乐。听一段你最喜欢的音乐也许可以改变你的情绪状态。

· 大喊。用一种响亮且有权威的声音与自己交谈，给自己打气。利用声音和语言来改善你的情绪。

B.采取行动

· 只管去做。别管自己的感受，做你该做的事。成熟的人会去做他们该做的事，不管喜不喜欢。

· 做些什么。你的行为会间接地改变你的感受。问问自己:“今天我能做些什么来改变我的感受?”然后，立刻去做吧。

C.觉察情绪

· 写下你在担心什么。拿出纸和笔，尽可能详细地写下你在担心什么，想想你为什么会担心，以及你能做些什么。

· 写下具体发生了什么事。拿出纸和笔，写下到底发生了什么事导致你产生了负面情绪。不要写自己对这件事的理解或脑海中围绕它出现的各种与事实不符的想象，简单、客观地写下事情的经过即可。然后问问自己:“从宏观层面来说，这件事真的对我的生活有重要影响吗?”

· 找人谈谈。与朋友聊聊。你可能反应过度了，结果让事情变得更糟。有时候，你需要的可能只是一个不同的视角。

· 记住那个你对自己的状态十分满意的时刻，这可以帮助你回到那种状态并从新的视角来看待问题。你可以问问自己:“当时的感觉是什么?”“当时在想些什么?”“当时自己的人生观又是怎样的?”

· 放下你的情绪。问问自己："我能放下这种情绪吗？"然后，试着去放下。

· 接纳你的情绪。不要试图抵制或改变你的情绪，允许它们按照原本的方式存在。

· 拥抱你的情绪。试着和你的情绪和平共处。尽可能仔细地观察它们，同时尽最大努力与它们保持距离。要对它们怀有好奇心。时常思考一下它们的本质到底是什么。

D.放松一下

· 适当休息。打个盹或休息片刻。疲惫更容易引发负面情绪。

· 调整呼吸。试着放慢呼吸的节奏，这会带你进入一种放松的状态。你的呼吸方式会影响你的情绪状态。适当使用一些呼吸技巧可以让你平静下来，或赋予你更多的能量。

· 学会放松。花几分钟放松你的肌肉。可以先从下巴肌肉开始，然后是眼周紧绷的肌肉，最后是整个面部肌肉。你的身体状态是会影响情绪的。当你放松身体时，你的精神也会随之放松。

·"善待"你的情绪问题。感谢你所遇到的情绪问题，因为它们的出现是有原因的，往往会帮助你更好地审视和了解自己。

2. 长期解决方案

从长远来看，以下方法可以帮助你更好地管理负面情绪。

A. 分析负面情绪

· 识别情绪背后的认知假设。拿出纸和笔，先写下引发这些情绪的所有原因。你是依据哪些假设来总结这些原因的?你如何解读发生在你身上的事?然后，看看你能否放弃这个特定的认知假设。

· 用日记的形式记录情绪。每天花几分钟时间写下你当天的感受，看看你是如何陷入负面情绪的恶性循环的。然后，你可以使用正面肯定句、具象化或相关练习来消除这些情绪。

· 练习正念。时刻观察自己的情绪。冥想可以帮助你做到这一点。另一种方法是全身心地投入一件事情，并在做这件事情时，认真聆听自己内心的声音。

B. 远离负面情绪

· 改变环境。如果你觉得自己时刻被负面情绪包围，那么请改变你的生活环境。你可以搬到另一个地方，或者减少花在那些负能量朋友身上的时间。

· 减少消极活动。减少或彻底放弃那些对生活没有任何积极影响的活动。例如，你可以适当减少看电视或上网的时间。

C.调整思维模式

·形成日常惯例。这将帮助你体验到更积极的情绪。这些惯例包括冥想、运动、反复进行自我肯定、写感恩日记等。值得一提的是，将积极的想法放进头脑中的最佳时间是睡前和晨间。

·锻炼身体。你要经常锻炼身体。锻炼身体可以改善情绪，有益于身心健康。

D.保持精力充沛

精力越差，就越有可能被负面情绪缠绕。

·改善睡眠情况。确保你有充足的睡眠时间。如果可以，尽量保证每天上床和起床的时间是固定的。

·形成健康的饮食习惯。俗话说："吃什么补什么。"垃圾食品会对你的精力水平产生负面影响，所以请想办法形成健康的饮食习惯。

·适当休息。适当小憩，或花几分钟来放松。

·调整呼吸方式。学会正确地呼吸。

E.寻求帮助

·向专业人士咨询。如果你有比较严重的情绪问题，比如极度自卑或抑郁，那么向专业人士咨询才是最正确的选择。

Master Your Emotions

第 4 部分
怎样通过管理情绪实现自我成长？

> 我要告诉你，生活中的每一种境况、每一个时刻，都为我们的自我成长和性格发展提供了机会。现实不断地带给我们各种冲击——有时我会把这些冲击想象成不停地拍打海岸的海浪——这让我们有机会不断地接受现实的洗礼，从而慢慢地适应它，最终与它融为一体。
>
> 大卫·雷诺兹，《建设性生活》

我们已经了解了什么是情绪、情绪是如何产生的以及如何调整思维模式以体验更积极的情绪。现在，让我们看看如何利用情绪来实现自我成长。

大多数人都忽视了情绪的作用，他们从未意识到可以利用自己的情绪来成长。

你可以这样想。你的情绪会给你传递一些信息，告诉你目前你对现实的解读是存在偏差的。出现问题的从来不是现实，而是你解读它的方式。永远不要忘记，即使在十分糟糕的情况下，你依然拥有发现生活意义和乐趣的能力。

下面，让我们来看一些真实的例子。第二次世界大战期间，爱丽丝·萨默（Alice Sommer）被关在一个集中营里，完全不知道自己还能活多久，她似乎有十分充分的理由对生活感到绝望。

然而，她却找到了属于自己的快乐。她回忆道：

> “我总是笑。陪儿子躺在地板上嬉戏的时候，我一直在笑。当看到母亲笑的时候，孩子怎么会不笑呢?”

尼克·胡哲（Nick Vujicic）曾经认为自己永远不会快乐。毕竟，他天生没有四肢。他在给一所学校做的演讲中说：

> “如果连握住自己心爱妻子的手这样的事情都做不到，我会是一个什么样的丈夫呢?”

在这种情况下，即便他一辈子都沉浸在痛苦中，也不会有人责怪他。然而，他战胜了生活中的种种挑战。他不但是一位成功的励志演讲者，还是一个能带给妻子幸福的丈夫和两个孩子的父亲。

以上两个例子表明，即便是最具挑战性的困难，我们也能够克服。另外，负面情绪也不会永远持续下去。**生活中那些极具挑战性的事件往往能促使我们不断成长。就算是彻底的精神崩溃，也是在为人们敲警钟。**

在这一部分中，我们将继续了解情绪的运作机制，以及如何利用情绪来实现自我成长，同时谈谈该怎样减少情绪痛苦。

第18章

在情绪的引导下找到正确的人生方向

作为你生命中的过客，情绪是无法定义你的。但这并不意味着情绪在你的生活中毫无意义。通过提醒你关注你本来就知道的事实——你的生活需要一些改变——情绪可以促使你成长。你越忽视某种情绪，它就越强烈。一开始，它会以一种微弱的本能反应或直觉的形式来提醒你。但如果你完全忽视这些提示，它就会以更加激烈的形式来引起你的注意。如果你一直忽视情绪，你的身体也会以和它一样的方式来提醒你，比如你可能会感到身体不适。

举个例子，假设你正处于一种自认为是“压力”的情绪状态下，这是在提醒你，你需要在生活中做出一些改变。可能是尽快摆脱这种紧张的环境，或想办法改善这样的环境，或试着改变你的解读方式。但不管怎样，有一点是肯定的，你需要做些什么。如果对压力或压力源漠不关心，那么很可能造成严重的健康问题。

最重要的是，你的情绪会给你传递某种信息。正如你的身体会用疼痛来提醒你哪里出了问题一样，情绪上的痛苦同样也是在告诉你，你的精神状态出现了一些问题。

自我意识的力量

自我意识是个人成长中非常重要的一部分。没有它，你就不可能改变自己的生活状态。因为你必须先意识到问题所在，才能想办法改变它。

那么，什么是自我意识呢？**自我意识是客观地观察自己的思想、情绪和行为的能力，且在这个过程中不会受到个体解读和认知假设的影响。**

界线之上还是界线之下？

在《有意识领导的15项承诺》（*The 15 Commitments of Conscious Leadership*）一书中，吉姆·德思默（Jim Dethmer）和黛安娜·查普曼（Diana Chapman）介绍了一个非常简单但强大的模型，来帮助人们提高自我意识。这个模型非常简单，它只有一条界线，被称为**“界线模型”**。作者强调，在任何时候，你的自我意识要么高于这条界线，要么低于这条界线。高于这条界线时，你是开放的、好奇的、愿意学习的；低于这条界线时，你希望自己一直是正确的，你会因此进入防御状态，拒绝接受新的想法。简而言之，高于这条界线时，你是有意识的；低于这条界线时，你是无意识的。

高于还是低于这条界线，其实一定程度上取决于你的情绪状态。当你感到生存状态或自我认同受到威胁时，你的自我意识会低于这条界线，以便你（或你的自我）可以生存下去。相反，当你保持一种积极的精神状态时，你的自我意识就会高于这条界线，你的想象力、创造力和合作能力都处于最佳状态，也就自然会有非常出色的表现。

你对自己是高于还是低于这条界线的判断力，决定了你对自己情绪的控制能力。如果你没有意识到某种情绪的存在，肯定也无法改变它。下面列出了自我意识高于这条界线和低于这条界线时你可能有的表现。

高于这条界线时的你：

- 怀有好奇心；
- 能够有意识地倾听；
- 能够感知情绪；
- 能够做到讨论而不争论；
- 心怀感激与欣赏之情；

· 能够承担责任；
· 能够质疑自己的固有观点。

低于这条界线时的你：

· 固执己见；
· 喜欢挑毛病；
· 爱争论；
· 总想证明自己行为的正确性和合理性；
· 喜欢八卦；
· 总想得到别人的认同；
· 喜欢攻击传递信息的人。

恐惧与爱

此外，还有一个简单的模型——**恐惧与爱的模型**。其实在每天的生活中，你的行为要么出于恐惧，要么出于爱。当你在意的是获得些什么时，你的行为是出于恐惧的，无论是想获得别人的认可和关注，还是获得金钱和权力。另一方面，当你出于爱而行事时，你在意的是能够给予些什么，无论是你的时间、金钱、爱还是关注。你想与周围的人分享，并改善他们的生活，不是为了自己的利益，只是单纯地想这样做。

尽管你的行为可能同时反映出给予和获得的双重渴望，但其实这两者中的任何一个都是非常容易辨认的。**要更好地掌控情绪，你必须学会识别自己的行为到底是出于爱还是出于恐惧。**例如，你可以审视一下自己某个重要的人生目标。判断一下，它是基于恐惧的目标还是基于爱的目标呢？你是想为世界付出和做出贡献呢，还是想从中汲取力量来使自己变得强大呢？

例如，如果你的理想是成为演员，那么可能的原因如下：

- 赚钱；
- 出名；
- 向你的父母和朋友证明自己足够好；
- 使人们更加快乐；
- 表达自己。

前3个通常是基于恐惧的行为——你想填补自己内心的空白，并展示自己有多优秀。后两个是基于爱的行为，强调了你想向世界表达自己爱意的愿望。

当我们更深入地讨论不同情绪的运作机制时，请记住这两种模型：界线模型和恐惧与爱的模型。

值得一提的是，每天你都会交替做出基于恐惧的行为和基于爱的行为。例如，你可能会被一项可以帮助他人并提升自我的任务所吸引。在这一刻，你似乎什么都不需要。可5分钟后，你可能会想象，一旦自己获得晋升，父亲将多么自豪。在这一刻，你不再寻求自我完善，相反，你会试图得到一些东西（在这个例子中，你想得到的是父亲的认可）。

你可以试着分析一下自己行为背后的潜在动机。当你这么做的时候，你将意识到你其实花了大量时间去试图获得别人的认可，无论他们是你的同事、老板、父母还是伴侣。请思考这一点，然后问问自己需要做些什么才能从“想要得到”变成“想要给予”。

现在，请牢牢记住这两个模型，看看如何利用它们来更好地觉察日常生活中出现的情绪。

第19章 记录情绪

改善情绪的第一步是要有规律且尽可能多地意识到困扰自己的情绪。为了体验更多的积极情绪，你必须走好这关键的第一步。

为了更好地了解自己日常生活中出现的情绪，你可以记录一周的情绪。你可以用笔记本或下载一些表格来记录。每天花几分钟时间回顾自己一天的感受，并用1~10给自己打分，1表示你感觉极度糟糕，10表示你的感觉是最好的。周末的时候，从整体上给自己打一个分数，并回答以下问题：

· 过去的几天，你曾被哪些负面情绪缠绕？

· 是什么导致了这种情绪？

· 是某些特定的想法引发了这种情绪吗？是外部事件引发了这种情绪吗？你的睡眠时间充足吗？你生病了吗？你遇到什么突发情况了吗？

· 事实上发生了什么？（不是你头脑中的记忆，而是客观物质世界真实发生的）

· 你是如何解读这个事实的？

· 是什么样的固有认知导致你产生这种情绪的？

· 你的认知一定正确吗？

· 以不同的方式去解读想法或事件会让你有更好的感觉吗？

· 你是如何从负面情绪中走出来的？

· 到底发生了什么？你改变自己的想法或采取行动了吗？还是这是自然而然发生的？

· 你可以做些什么来避免或减少负面情绪？

假设你记录了自己一周的情绪状态，并发现最近几天情绪一直很低落，那么这份记录可能是下面这样的。

问：是什么导致了这种情绪？

答：我接到一项任务，但我感到力不从心。

问：事实上发生了什么？

答：我接到一项任务，我着手去做了。

问：你是如何解读这个事实的？

答：

·我觉得自己能力有限，整个办公室里除了我，任何人都能完成这项任务。

·我觉得自己本该有能力很好地完成这项任务。

·我觉得每个人都在评判我。

问：是什么样的固有认知让你产生了这种感觉？

答：

·我认为自己是无能的。

·我认为无能是不可接受的。

·我认为我本该有能力完成这项任务的。

·我觉得每个人都在对我评头论足。

问：你的认知一定正确吗？你真的无能吗？

答：也许我对自己的认识有偏差，我对自己评价过低。

问：无能是不可接受的吗？

答：不是的。事实上，我不可能胜任一切任务。

问：你有能力完成那项任务吗？

答：我没有多少完成类似任务的经验，如果不寻求帮助，可能无法完成。

问：每个人都在评判你吗？

答：有些人可能会评判我，但肯定不是每个人都会。也有可能没有人真正在乎我做了什么。毕竟，每个人都有自己需要处理的事情。又或者，实际上我已经做得很好了，所谓的评判都是我想象出来的。

问：你是如何从负面情绪中走出来的？

答：我意识到这没什么大不了的。我询问了一位同事自己是否很好地完成了任务。他回应了我，并给了我一些建议，还推荐了一些好书来帮助我提高完成这类任务的技能。

问：你可以做些什么来避免或减少这些负面情绪的产生？

答：我可以试着寻求其他人的帮助，而不是一味地想着一个人完成所有任务。

在记录的过程中，你将清晰地意识到究竟是什么引发了负面情绪，也将学会识别那些会导致自我挫败感的行为，并通过自我调节来克服负面情绪的干扰。

特别提示：

记得用专门的笔记本写下你每天的感受，这么做可以帮你意识到情绪的起伏只是生活的一部分，进而帮你真正地摆脱某些情绪。

实践练习

请完成实践练习部分相应的练习（第4部分“怎样通过管理情绪实现自我成长?”的练习1“记录你的情绪”）。

第20章
“我还不够好”

> 当获得奥斯卡奖时，我认为这只是侥幸。我以为他们迟早会意识到这一点，并收回我的奖杯。我以为他们会敲开我家的门告诉我：“打扰了，我们改变主意了，这个奖应该属于梅丽尔·斯特里普(Meryl Streep)。
>
> 朱迪·福斯特(Jodie Foster)，美国著名女演员

> 你想想看，怎会有人想在电影中再看到我呢？其实我完全不会表演，所以我又为什么要演电影呢？
>
> 梅丽尔·斯特里普，美国著名女演员

你是否经常觉得自己还不够好？要知道，绝对不是只有你一个人这样想。不久前的一天，我给一位朋友写了这样一段话：

“我可以找到很多可以写的话题，但其中大部分都已经被很多人写成书了。有时，我不禁会问：那我继续写下去有什么意义呢？”

他回答说：

“我明白那种感觉。继续写下去有什么意义呢？我也问过自己这个问题。似乎所有有价值的话题都已经有人写过了，那我还要以什么样的角度去写呢？到目前为止，我又取得了什么成就呢？好吧……我想产生这些想法是再自然不过的了。很高兴知道我们都不是唯一在这种痛苦中挣扎的人。”

无论你是否相信，有太多的人都有过“我还不够好”这种感觉。这种感觉是扼杀梦想的罪魁祸首。谁没有过类似的感觉呢？下面是我列出的自己曾经有过的一些真实想法：

- 我不是一个优秀的作家；

· 我不够有魅力；
· 在很多方面我都不是很称职；
· 我不够自信；
· 我不够勇敢；
· 我不是很自律；
· 我不擅长公开演讲；
· 我的样貌不够出众；
· 我激励和鼓舞他人的能力还不够；
· 我不是十分幽默；
· 我赚的钱不够；
· 我的肌肉不够发达；
· 我没有足够的耐心；
· 我不够坚韧；
· 我不是一个特别积极主动的人；
· 我做事不够有效率；
· 我不够聪明；
· 我遇事没有全力以赴；
· 我不够坚强；
· 我工作不够努力；
· 我的英语还不够好；
· 我的日语也不够好；
· 我的记忆力不够好。

我还可以写出好多类似这样的想法。

经常觉得自己不够好的人往往比较自卑，他们总是关注那些自己不擅长的东西，而忽略了自己的长处。如果你赞美他们，那么多半只会听到："这没什么了不起的。"更糟糕的是，他们甚至会认为你的话只是出于礼貌，或只是为了讨好他们。这些人很难真正接受赞美。面对他人的赞美，他们往往只会继续贬低自己，甚至都不会简单地回应一句"谢谢"。

也许你也有过同样的经历。在收到赞美时，看看你是否有过类似下面的回应。

· 认为自己做的事没什么大不了的，然后这样回应："任何人都可以做到呀。"

· 聊起你曾经做错的事情，解释说你本可以把这些事情做得更好一些的。

· 你会这样回应："谢谢。我觉得你也做得很棒。"

请注意，以上3种情况都说明，你并没有百分百地接受他人的赞美。

你不但忽略了自己的成就，而且也放大了每一次的失败，进而不断地强化自己不够好的认知。你之所以将自己的失败经历牢牢地刻在脑海里，而不愿意忘掉它们，是因为它们符合你的自我认知。试想一下，如果你不再是那个永远不够好的人，那么你又会是谁呢？这个假设听起来可能很奇怪，甚至有些可怕。而这种对于自己还不够好的确定性会给你带来一丝安慰。

想象一下，如果你冲破自我认知的束缚，尝试去做了一些自己一直想做的事情，但结果失败了，会怎样呢？你一直怀疑的事情变成了现实：我还不够好。更糟的是，如果你成功了，又会怎样呢？你的自我认知又要如何解释这个结果呢？

记住，大脑更偏向于关注消极情绪。再加上你的认知偏见，你将很难对自己有良好的感觉。事实上，你已经把大多数事情都完成得很好了。尽管你在某些领域就是无法做得像自己希望的那样好，但这可以用缺乏经验、兴趣或天赋来解释，并不代表你不够好。

如何利用这种“我还不够好”的感觉来促进自我成长？

感觉自己还不够优秀是自卑（低自尊）的表现。许多人都有不同程度的自卑心理，我也一样。有些人认为自己所做的每一件事都是不完美的；有些人可能只在面对生活中某些特定的情境或领域时，才会感到无法胜任。无论你的自尊处在什么水平，你都能从提高自尊水平的过程中受益。

明确产生自卑感的原因

找出引发自卑感的原因。你认同什么样的想法？你通常会关注生活中的哪些方面？

花几分钟时间从以下两个方面做出总结：

- 让你产生“我还不够好”的感觉的具体情境；
- 你所认同的想法（你自己编造的故事）。

认识自己的成就

你要对自己的成就有一个清晰的认识。你觉得自己还不够好通常是因为你对自己的认知有偏差。你总是关注自己的失败和劣势，却不愿意承认自己的成功和优势。拥有健康自尊心的人倾向于以更客观的方式看待自己，对自己的优势和劣势有明确的认识。

提高自尊水平要从正确看待自己取得的成就开始。

记录自己取得的成就

承认自己所取得的成就的最佳方式是把它们记录下来。我建议你准备一本专门用来记录成就的笔记本。

首先，写下你能想到的自己完成的所有事情。列一份包含50件事情的清单。如果没有那么多事情可写，你也可以记录一些比较小的成就。通过这种方法，你可以意识到自己已经取得了多少成就。

然后，在每天结束时，写下自己当天完成的所有事情，最简单的事情也可以。例如：

- 我准时醒来了；
- 我锻炼了身体；
- 我吃了一顿健康的早餐。

试着每天记录5~10件事情。

装满自尊罐

你也可以将自己完成的每件事情都写在单独的纸条上，然后把它们放进罐子里。以下是与此有关的一些建议。

- 确保将你的罐子（或你使用的任何其他容器）放在一个非常容易被看到的位置，比如你的桌子上或卧室里。
- 选择一个你喜欢的罐子。这个选择和你的自尊心有关，因此，任何让你感觉良好的选择都是好的。但你要确保自己选择的罐子是透明的，这样你可以看到它逐渐被装满。

· 给它起一个有积极意义的名字（比如“我的自尊罐子”“爱的宣言”等）。

· 对于纸条的选择，也要根据自己的喜好来定。例如，你可以使用不同颜色的折纸，这样罐子被装满时会变成一件令人赏心悦目的艺术品。

· 用自己喜欢的笔来书写。

你可以通过认同多方面的成就来表达对自己的尊重。

记录赞美之词

你还可以记下每天听到的赞美之词。例如，同事说你今天的鞋子看起来很不错，朋友称赞了你的新发型，老板说你某项任务完成得很出色，这些都可以记录下来。不要质疑这些赞美的诚意。要一直告诉自己这些话都是真诚的。这样做的目的是训练你的大脑多关注生活中发生的积极的事——无论你是否承认，它们都真实地发生了。以下是与此有关的一些建议。

· 买一本自己喜欢的笔记本。

· 根据自己的喜好来记录。你可以在笔记本上添加贴纸、涂鸦、图片，或使用不同颜色的笔来记录。如果觉得这么做很麻烦，那也没关系。以自己喜欢的方式记录即可。

· 随身携带。把笔记本时刻带在身边，以便随时记下赞美之词（可选）。

· 每天回顾。经常翻看旧的记录，并在心里认真地感谢那些赞美你的人。你可以说："谢谢你 ×××，我爱你。"表达感谢的时间由你来定，你可以选择任何自己觉得合适的时候。

再次强调，这本笔记本是专属于你的，你可以以任何喜欢的方式来记录。

学会接受赞美

有时候我们很难真正从心底接受赞美。以下这些说法听起来熟悉吗？

· 这有什么了不起的。

· 每个人都可以做到。

· 这都是因为 ××× 帮助了我。

· 我本可以做得更好。

为什么说你应该接受他人的赞美？一个绝好的理由是：**赞美你的人一定希望你接受赞美，而不是把它当垃圾一样丢掉！**假设你刚刚送了某人一份礼物，如果那个人打开包装后直接把礼物扔在地上，然后再踩上几脚，你会有什么感觉呢？你会十分气愤，对吧？但可悲的是，这恰恰是人们收到赞美时经常做的事情。当你拒绝接受赞美时，表达赞美的人会有一种强烈的不被尊重的感觉。难道你不希望自己的赞美被真心实意地接受吗？

接受他人的赞美

如何接受他人的赞美？很简单——每当有人对你说赞美的话时，你可以以这样的方式回答：

谢谢＋对方的名字。

就是这样。没有比这更简单的了。不要说“谢谢你，但是……”“谢谢你，你也是”或者“没什么大不了的”。只需要回答一句“谢谢”。以下是与此有关的一些建议：

· 大声而清晰地说声“谢谢”。你可能会发现自己有压抑情感的倾向，每一次“谢谢”几乎都是机械地说出来的。事实上，你可能会突然意识到自己也许从未真心实意地说过“谢谢”。

· 发自内心地接受赞美。在每次回应他人的赞美前，请酝酿一下对赞美自己的人的感激之情。不要淡化赞美，也不要解释为什么你值得（或不值得）这样的赞美。

· 说出你的真实感受。通过将真实的感受告诉赞美你的人来表达感激之情。刚开始，你可能觉得这很难。事实上，很多人都觉得表达感激之情很难，因为他们的自尊会阻碍他们这样做。他们总是认为自己十分强大，完全不需要他人的帮助和赞美，更不希望把自己脆弱的一面表现出来。因此，如果你在练习回应赞美的时候感到阻力重重，是非常正常的事情。

能否接受赞美可以很好地反映你的自尊水平。学着接受赞美，允许自己有脆弱的一面。你是值得被赞美的，接受这一点会在很大程度上帮助你提高自尊水平。

感激游戏

这个游戏的目的是让你学会感激那些以前你不认可（或不喜欢）的自己所做的事情。如果有搭档和你一起玩这个游戏，效果会更好。告诉你的搭档你感激他（她）做的3件事情，同样，他（她）也要告诉你3件事情。事情尽量具体一些，且不一定是什么大事。以下是一些例子：

- 我很感激你在如此匆忙的情况下，还为我准备了早餐。
- 我很感激你今天接孩子。
- 我很感激你在下班后愿意倾听我的烦恼。

自尊是一个非常复杂的话题。自尊影响着很多人的生活，却经常被误读。克服低自尊需要付出时间和精力。如果你经常觉得自己不够好，我建议你读一读下面几本书。你如果在阅读这些书时意识到自己有严重的自尊问题，一定要向专家咨询。

·《自尊的六大支柱》(*The Six Pillars of Self-Esteem*)，纳撒尼尔·布兰登（Nathaniel Branden）博士著；

·《打破低自尊的桎梏》(*Breaking the Chain of Low Self-Esteem*)，玛丽莲·索伦森（Marilyn Sorensen）博士著；

·《被误解和错误诊断的低自尊：为什么你得不到自己需要的帮助》(*Low Self-Esteem, Misunderstood & Diagnosed: Why You May Not Find the Help You Need*)，玛丽莲·索伦森博士著。

纳撒尼尔·布兰登在《自尊的六大支柱》中分享了6个方法来帮助我们拥有更健康的自尊心。

1.有意识地生活。用纳撒尼尔·布兰登的话来说，“有意识地生活意味着，无论你能力如何，都要竭尽所能地去了解那些会对你的行为、意图、价值和目标产生影响的一切，并做到知行合一。”

2.接纳自己。选择一种重视自己、尊重自己、捍卫自己权利的方式来生活。接纳自己是自尊发展的基础。

3.对自己负责。要知道没有人会一直帮助你，只有你才能对自己的生活负责。你要对自己的选择和行为负责，要对自己如何利用时间以及能否获得幸福负责。因为只有你才能改变自己的生活。

4. 自我肯定。尊重自己的意愿、需求和价值观，并在现实中找到一种合适的表达方式。

5. 有目的地生活。通过努力来达成自己设定的人生目标。换句话说，你要在生活的各个领域为自己设定目标并努力达成目标。

6. 做一个诚实、正直的人。让你的行为方式符合自己的理想、信念和信仰。每每看到镜中的自己，你可以问心无愧地说："我一直在做正确的事情。"

在《打破低自尊的桎梏》一书中，玛丽莲·索伦森阐释了什么是自尊以及自尊的工作机制。作者认为，你的低自尊源于你对自己的负面认知——这种认知在很大程度上基于你对过去经历的负面解读。这种对现实的扭曲认知会引发恐惧和焦虑情绪。同时，家庭环境也有可能对你造成很大的影响。也许，你的父母总是贬低你，使你感觉自己什么事情都做不好。

可能现在的你坚信自己不如别人，这种负面的认知使你屏蔽了很多积极的信息。就好像你一直戴着有色眼镜看待现实——你会自动忽略赞美和欣赏，只记得他人对你的批评。

索伦森博士书中的例子将帮助你意识到自尊问题是如何影响现实生活的。她提供了数十项具体的练习，让我们能更好地认识自己的自尊问题。另外，该书还针对如何培养健康的自尊心给出了很多实用的建议。

实践练习

请完成实践练习部分相应的练习（第4部分“怎样通过管理情绪实现自我成长?”的练习2“克服自卑”）。

第21章 总是处于防御状态

> 我们对正确的执着和对错误的恐惧从某种意义上来讲是一样的。
>
> 凯瑟琳·舒尔茨(Kathryn Schulz)，记者兼作家

你经常为自己辩解吗？有人侮辱你或不尊重你时，你会感到气愤吗？

一定有一些特定的原因促使你进入防御状态。通过了解这些原因，你可以更好地认识自己，并放下自我辩解的愿望。先来看看为什么你会产生戒备心。

为什么你会进入防御状态？

保护自己的需求源于保护自我的愿望。每当自我受到威胁时，你都会启动心理防御机制去保护它。我认为心理防御机制被触发的主要原因有以下3个：

- 你从他人口中了解到一些关于自己的事实；
- 你对自己了解到的事实深信不疑；
- 你的核心信念受到了冲击。

请记住，每个人的自我都不同，所以在面对同一件事情时，人们会有完全不同的反应。

1.你从他人口中了解到一些关于自己的事实

有人说了一些关于你的事实，这刺痛了你。例如，有人可能会指责你在某个项目上拖延。你无法接受这个事实，于是进入防御状态。当谈到这个问题时，你的愤怒情绪就会被引发，或者你开始否认或进行自我批评。

2.你对自己了解到的事实深信不疑

有人说了一些关于你的事实，你认为这些事实是真的，因此感觉很受伤。但其实，这些来自他人的评价很可能是没有根据的。然而，你仍然感觉很受伤。这恰恰是因为别人说的话恰好证实了你内心那些不自信的想法。例如，你认为自己不够好，这种信念促使你比任何人都更努力地工作。如果现在有人指责你懒惰，你会有什么感觉呢？非常气愤，对吧？然而，那并不是因为你真的很懒，而是因为你深信自己应该更加努力地工作。

3. 你的核心信念受到了冲击

有人直接或间接地攻击你的核心信念，会使你觉得有必要保护自己。你的核心信念可能是一种宗教信仰、政治信仰，也可能是你的世界观和价值观。你的核心信念越坚定，你的情绪反应就越强烈。我们来看一个例子。

在唐纳德·特朗普(Donald Trump)当选总统后，一些民主党人产生了强烈的情绪反应。其中一些人高呼反对，甚至演变为暴力活动。与此同时，许多共和党人却对特朗普当选感到高兴。

为什么人们会对同一事件产生截然不同的反应呢？这是因为他们有完全不同的核心信念。民主党人和共和党人都强烈地认同他们各自的政治信仰，这导致那些铁杆民主党人十分沮丧，而坚定的共和党人却欢呼雀跃。

每当核心信念受到攻击或质疑时，我们都会产生强烈的情绪反应。核心信念越坚定，在它受到攻击时，我们的情绪反应就越强烈。还有一些十分极端的人，他们随时准备杀死所有批评自己宗教信仰的人。

如何利用心理防御机制促进自我成长?

仔细分析一下触发你的心理防御机制的那些事情。每当你感到生气时，问问自己到底是什么原因。哪一种信念导致你一定要为自己辩解？你可以舍弃这个信念吗？这个信念真的正确吗？

通过这样做，你会不断地加深对自己的认知，也能够主动舍弃那些对你不利的信念。你还将意识到，在大多数情况下，你甚至不需要辩解。

实践练习

请完成实践练习部分相应的练习（第4部分“怎样通过管理情绪实现自我成长?”的练习3“解除防御状态”）。

第22章 压力和担忧

> 每一次担忧都隐藏着采取积极行动的机会，每一句谎言都暗含着真理，每一种神经质症状都反映着对充实而美好生活的错误期待。
>
> 大卫・雷诺兹,《建设性生活》

你有没有想过什么是压力以及为什么你会感受到压力？

大多数人认为某种情境是有压力的。事实上，你才是压力的主体，因此，任何情境本身都不能说是有压力的。然而，我猜你经常感受到压力，并且可能比你想象的更频繁。

据统计，仅仅压力这一个原因，就造成了每年数以万计的人死亡。压力其实比许多疾病的危害更大，它让无数家庭陷入痛失亲人的悲伤中。这就是为什么我们必须积极地采取行动来降低自己的压力水平。

对你的压力负责

你可以掌控自己的压力，因此，你必须对自己的压力负责。**你对自己的压力越负责，你就越能减少它。**

压力源自各种各样的原因，并以不同的形式表现出来。上班路上的交通堵塞、工作中的汇报演讲、与老板的紧张关系或与配偶的频繁争吵，都是潜在的压力源。你可以通过以下两种方式减轻压力：

- 避免陷入会给你带来压力的情境；
- 学会从容应对压力。

接下来，我们将讨论如何应对压力。

列出你的主要压力源

现在来看看哪些具体情境会给你带来压力。至少写下10件日常生活中使你感到有压力的事情。

重新认识压力

情绪因你对事件的解读而产生。感受到压力（或任何其他情绪）这一事实意味着你已经给正在发生的事添加了自己的解读。不然，你应该会过上完全没有压力的生活。

针对每一种压力情境，问问自己以下这些问题。

· 是这种情境本身给我带来了压力吗？

· 在这种情境下，是什么样的认知导致我产生了压力？

· 在这种情境下，我应该如何改变认知来减轻或消除压力？

假设你正在经历交通堵塞，这让你感到十分有压力。那么，针对以上几个问题，你的回答可能是下面这样的。

问：是这种情境本身给我带来了压力吗？

答：不是的。交通堵塞本身没有任何问题。

问：在那种特定情境下，是什么样的认知导致我产生了压力？

答：

· 我认为不应该有任何交通堵塞，一定是哪里出了问题。

· 我认为交通堵塞本身就是一件令人焦虑的事情。

· 我认为堵车阻碍了我去本应该去的地方。

· 我认为我可以做些什么来改变这种情境。

问：在这种特定情境下，我应该如何改变认知来减轻或消除压力？

答：

· 交通堵塞和其他任何事情一样都是正常事件。

· 我不必因为堵车而感受到压力。

· 我遇到了交通堵塞，所以我暂时没有必要非得去自己的目的地。

· 对于堵车，我其实无能为力，所以还不如坦然处之，或者至少不要为此焦虑。

处理担忧

担忧与压力不同，担忧是你对过去的事或未来可能发生的事的忧虑，而压力源于你当下所处的压力情境。

例如，使你产生巨大压力的情境是陷入交通堵塞或老板对你大喊大叫，你之所以担忧是因为你记住了或预测、想象出这些压力情境。值得一提的是，出于以下两个原因，很多事情其实你都没有必要担忧：

- 它们发生在过去，你对此绝对是无能为力的；
- 它们可能会在未来发生，而你也没有能力控制未来。

列出你担忧的事情

你写下的事情可能与你在“列出你的主要压力源”中写下的相似。以下是可能会令你担忧的几个问题：

- 健康；
- 财务状况；
- 工作；
- 人际关系；
- 家庭关系。

现在，请至少写下10件你在日常生活中经常会担忧的事情。

给你担忧的事情分类

你之所以总是担忧，是因为你试图掌控无法掌控的事情。这样做无疑会给你的生活增加很多不必要的压力。因此，为了更加有效地应对压力和克服慢性焦虑，你必须学会化解忧虑。做到这一点的有效方法是将自己能够掌控的和无法掌控的事情区分开。你担忧的事情可分为3类：

· 你能够完全掌控的事情；

· 你不能完全掌控的事情；

· 你根本无法掌控的事情。

1. 你能够完全掌控的事情

这些事情包括你的行为模式和具体行动步骤等。例如，你可以决定要表达什么以及用什么方式来表达，你还可以决定要采取什么行动方案来实现目标。

2. 你不能完全掌控的事情

有些事情你不能完全掌控，比如比赛或面试。你无法确定自己会赢得一场网球比赛，但你确实可以在某些方面影响它的结果。例如，你可以更加努力地训练或选择一位很棒的教练。同样，你也可以在面试前对目标公司进行调研或模拟面试场景，为面试做好充足的准备。然而，你仍然无法控制面试的结果。

3. 你根本无法掌控的事情

不幸的是，生活中还是有很多事情是你根本无法掌控的，比如每天的天气、经济形势或交通状况。

看看你写下的日常生活中经常担忧的事情，用C（能够完全掌控）、SC（不能完全掌控）或NC（根本无法掌控）来标注每一件事。这个过程看似简单，但有助于缓解你的焦虑。一旦确定哪些是自己无法掌控的事情，你就可以不再为这些事情忧心忡忡。

现在，针对那些你能够完全（或在一定程度上）掌控的事情，请写下你认为自己可以做些什么，也就是可以采取什么具体行动。

对于无法掌控的事情，你能试着放下控制它们的执念，转而去接受它们吗?

对自己的压力和焦虑全权负责

你有没有想过，也许你比想象中更能掌控压力和焦虑呢? 想想那些你认为自己根本无法掌控的事情，问问自己:“如果我能掌控它们，我该做些什么? 之后又会发生什么? 我该如何避免它们再次发生?”

你常常会意识到自己对这些事情其实是有一定的掌控能力的，这可以通过改变它们、重新定义它们或将它们从你的生活中彻底清除来实现。

假设你把堵车视为自己无法掌控的事情。这听起来很合理，因为一旦陷入交通堵塞，你就完全无能为力。但是，如果你能从其他方面做出一些改变呢? 例如，早点儿从家出发或者走另一条路。

或者重新定义这件事情呢? 你可以选择让堵车的这一段时间成为自己一天中非常有效率的一段时间，而不是一味地从心理上抵触它。例如，堵车的时候，你可以听听有声书，将这一段时间充分利用起来。想象一下，如果一年中的每一个工作日你都在堵车的时候听有声书，那你将有多么大的收获呀！

最后，请再次回顾你的压力情境列表，找出那些你认为根本无法掌控的事情。写下你可以做些什么来改变、重新定义或将消除压力情境。

实践练习

请完成实践练习部分相应的练习（第4部分“怎样通过管理情绪实现自我成长?”的练习4“克服压力和焦虑”）。

第23章
总是在意他人的看法

> 他人对你的看法是不是给你造成了很大伤害呢？其实这完全是你太在意这些看法的结果。你该做的是改变自己的想法。
>
> 弗农 · 霍华德，《你的超强大脑》

你是一个过度敏感的人吗？在本章中，我会向你解释为什么你会如此在意他人对你的看法，并提供一些改变这种情况的策略。

你才是这个世界上最重要的人

首先你要意识到，**你才是这个世界上最重要的人。**如果你不相信，可以回忆一下最近一次你感到剧烈疼痛的时候。也许是牙痛、做手术的时候，或是你在意外事故中摔断了腿的时候。你当时想的是什么呢？你会担心非洲的饥荒吗？你会担心有无辜的人在中东战争中丧生吗？

不会。

你当时唯一的想法就是让痛苦消失。这是因为，你才是世界上最重要的人。你必须每周7天、每天24小时与自己生活在一起，因此，你在意自己的身心健康是十分正常的。

要知道，世界上的每一个人都是如此。对我来说，你不是世界上最重要的人——我自己才是。从其他人的角度来看也是这样的，比如你的朋友、家人和同事。

由于你每分每秒都是和自己生活在一起的，所以难免会无意识地产生一些错误的认知，比如，认为他人很在意你。事实上，在大多数情况下，他人并不在意你。虽然这听起来可能很令人沮丧，但对你而言又何尝不是一种解脱？这意味着你不必太在意他人的看法。

有这样一句格言：

“20岁时，你关心每个人对你的看法；40岁时，你不再关心他人对你的看法；60岁时，你会意识到，其实从一开始就根本没有人在意你。”

除了你自己，不会有人特意去关注你过去的错误或尴尬的经历，他们都忙着担心自己的事情。简而言之，人们不会：

- 调查你过去的失败经历；
- 留意你在社交媒体上发布的所有内容；
- 记住你尴尬的时刻；
- 经常想起你；
- 关心你就像关心自己一样。

不是每个人都会爱你

你在意别人对你的看法，是因为你希望得到他人的认可。人们往往以为，获得认可的最佳方式就是与他人毫无冲突地平静相处。因此，很多人终其一生都在努力成为完美的人，希望能够得到他人的爱。

然而，这样做通常是没用的。无论你多优秀，总还是有人不喜欢你。你可能试图“修复”自己在他人心目中的形象，但这往往行不通。因为每个人都有不同的信仰和价值观，人们仍然会按照他们固有的方式来看待你。

因此，如果你总是根据别人对你的看法来建立自我价值，那他人的认可将一直制约着你。如果他人突然不认可你了，会发生什么呢？可悲的是，多少外部认可都无法补偿自我肯定的缺失。

你是如此努力地想得到每一个人的爱，不惜每天过着无法表达真实自我的沉闷生活。最终，你会不停地效仿你的朋友们，甚至迎合周围的每一个人，却唯独忘记取悦世界上最重要的那个人——你自己。

他人对你的看法与你无关

你无须对任何人的想法负责。事实上，他人对你的看法与你无关。你需要做的是抱着尽可能纯粹的目的，以真实的方式去展示自己的个性。简而言之，你的责任是尽最大的努力去做真实的自己。无论结果怎样，人们喜欢你也好，不喜欢你也罢，对你来说都是可以接受的。要知道，即使是那些非常有影响力的人物，比如总统、政治家和杰出女性，也一样会被很多人怨恨。

因此，不要将改变他人对你的看法作为自己的人生使命。每个人都有坚持自己信仰和价值观的权利，因此不喜欢你也是他人的权利。人们有从自己的立场出发评判他人行为的自由。你不必被所有人喜欢，接受这一点是自我成长中非常重要的一步，同时也有助于你最终成为真正的自己。

如何克服过度敏感的心理，实现自我成长？

过度敏感意味着：

- 面对他人的评价，你往往会以扭曲的方式去理解；
- 你会一直困在自己想要维护的自我形象中。

要想克服过度敏感的心理，你需要做到以下两点：

1. 改变你对他人眼中的自己的解读

为了减少对于他人评价的关注，重新定义自己与他人的关系至关重要。为此，你需要认识到：

- 一般来说，他人其实不怎么在乎你；
- 同时，你也并不是很在乎他人。

首先你要意识到，他人其实不怎么在乎你。意识到这一点将帮助你深入地理解，大多数人并不会真正在乎你。

选择一个你认识的人，这个人可能是你的朋友、熟人或同事。

问问自己在日常生活中想起这个人的频率有多高。

现在，请换位思考一下。你认为他(她)每天会想起你几次?

他(她)有多大的可能会去了解你做过什么或说过什么?

你认为他(她)此时此刻最担心的是什么?

至少再选择两个人，重复以上过程。

通过练习，你可能会意识到他人实际上都太忙了，一般不会经常想起你。毕竟，每天陪伴他们时间最长的是他们自己。所以在他人眼中，他们自己才是最重要的，而不是你。这是很显然的事情。

其次你要意识到，你也并不是很在乎他人。你其实也没那么在乎别人。为了让自己意识到这一点，你可以这样做:

· 试着记住自己一天当中所遇到的或互动过的人，他们也许是你在餐厅吃午饭时遇到的服务员或顾客，也许是你在街上看到的人，等等;

· 问问自己，在此之前有没有想起过这些人。如果有，想起过几次?也许你完全没有想起过他们，是吧?

正如你所看到的，你真的没有时间去担心别人。大多数时候，你只关心自己。这并不是说你是一个没有同情心或十分自私的人，你只是一个再正常不过的普通人。

2.不要执着于维护你的自我形象

如果你过度敏感，你会非常在意他人对你的看法。也许你想得到他人的认可，或者害怕他人评判你。你要学着放下对自我形象的执着，这一点很重要。

· 写下所有你害怕被人评判的事情。也许是你的外表，也许是你说出的一些愚蠢的话。

· 写下为什么你如此害怕被人评判。问题究竟出在哪里?你想维护什么样的自我形象?是不是人们认为你很聪明，而你又十分害怕破坏这个形象?你是因为害怕说错话而被拒绝吗?

这样做可以让你更清晰地认识到自己在为哪些事情担忧，并帮你排忧解难。

最后，请记住，人们总是习惯于根据自己的价值观和信仰来解读他人的言行，这是你无法控制的。因此，你无须在意他人的看法，只需遵从自己的个性、做最真实的自己即可。

实践练习

请完成实践练习部分相应的练习（第4部分“怎样通过管理情绪实现自我成长?”的练习5“不用过度在意别人对你的看法”）。

第24章
怨 恨

> 即使我们做不到爱自己的敌人，至少要好好爱自己。因为我们爱自己，所以我们绝不允许敌人来控制我们的幸福、健康和外貌。
>
> 戴尔·卡耐基,《如何停止忧虑，开创人生》

当你怨恨他人时，你往往感到十分气愤，这多半是因为他人的行为不符合你的预期。也许是他（她）违背了对你的承诺，或者你并没有从他（她）那里得到自己想要的东西。也可能是你认为他（她）亏欠你，而他（她）一直没有采取任何补偿措施。

如果你没有和你怨恨的人进行有效沟通，怨恨往往会累积起来。也就是说，如果你没有告诉对方你感觉很受伤，或没有说出自己的需求和愿望，却认为对方一定会理解和迎合你，这肯定会导致怨恨的产生。另外，有时候你虽然明确地表达了自己的感受，却一直深陷其中，无法释怀，怨恨同样也会产生。正如纳尔逊·曼德拉所说，“怨恨就像你自己在喝毒药，却希望你的敌人被毒死”，这显然是不会有任何作用的。

怨恨他人

与任何其他情绪一样，强烈的怨恨情绪的产生也遵循这个公式：解读＋认同＋重复＝强烈的情绪。

根据这个公式，你很可能会因为一件根本无关紧要的事情而怨恨某人很多年，这取决于：

- 你对这件事情的解读；
- 你对自我解读的认同程度；
- 你在脑海中重复思考这件事情的次数。

假设你的一位朋友好似突然背叛了你一样，没有邀请你参加某次派对。在你的认知里，这位朋友是真的背叛了你，你也因此深深地怨恨他。你不停地想：“他怎么能那样对我？”这种想法像毒瘤一样长在你心里，最终你决定与他彻底决裂。几个月后，你仍然怨恨他。请注意，并不是事情本身令你难受不安，而是你对这件事情的解读导致了怨恨情绪的产生。

那么，有没有可能你对这件事情的解读是错误的呢？也许是朋友认为你可能不喜欢这次派对呢？也许是他认为你最近太忙呢？当然，他至少应该先问你一下，但人无完人。如果当时你先不去解读，而是当面问问他，也许事情就会有完全不同的结果。

任由怨恨累积的危害性

通常，无法或不愿意面对自己讨厌的人是火上浇油的。回避无济于事，相反，你会一直在脑海中回放发生的事情。因此，随着时间的推移，你的怨恨会越来越强烈。如果随后你还需要经常与你讨厌的人共事，那么情况就会越来越糟。

如何利用怨恨促进自我成长？

当你无法原谅他人并继续你的生活时，怨恨就会产生。这是你过分沉浸于过去发生的事情，而不放眼未来的必然结果。其实，当你被怨恨纠缠的时候，正是学习的大好机会——学习如何原谅和放下，更重要的是，学习如何爱自己。

怨恨提醒你必须爱自己，要珍视自己内心的平静。内心的平静比什么都重要，它比绝不出错、复仇成功或怨恨他人更加重要。简而言之，放下怨恨是在宣示对自己的爱，使得你可以继续前行，同时也表明你愿意宽容和理解他人。

爱自己

用纳尔逊·曼德拉的话来说，怨恨是你主动喝下的毒药。它亦是你允许在自己花园里生长的杂草。当怨恨来袭时，你觉得自己应得的东西——可能是来自他人的信任、尊重或爱——被不公正地夺走了，觉得自己的身心受到了重创。

只要你觉得保持绝对正确和通过报复找回心理平衡比获得内心的平静更重要，那么你的怨恨就会永远存在。只要你继续用怨恨的执念去滋养自己的情绪，怨恨情绪就会持续发酵。而且你越压抑它，它的生命力越旺盛。这就是为什么你要把内心的平静当作最重要的事情，同时要学会原谅他人和自己。

爱他人

怨恨控制你的程度与你的同情心水平密切相关。越富有同情心的人，越容易摆脱怨恨。你需要明白一件十分重要的事情，那就是人们的行为通常建立在意识（无意识）水平的基础上。你可能希望某个人用不同的方式对待你，但如果他（她）没有这么做，那也只是因为他（她）真的无法做到。

因此，与其去界定一个人是好还是坏，不如说他（她）是有意识的还是无意识的。如果他（她）做了一些你难以接受的事情，那往往只是由于他（她）当时缺乏意识，或正处于某种消极的情绪状态中。

可悲的是，大多数人的行为都深受环境的制约。尤其是个人的成长环境，会在其行为模式上烙下深深的印记。我们的行为模式往往与父母的行为模式极其相似，这就是为什么遭受父母虐待的人反过来又会虐待自己的孩子。

正如埃克哈特·托利在《当下的力量》中所写：

> “过去的经历塑造了我们的思想，使我们不断地重复做着那些自己所知道和熟悉的事情。即使有些经历是痛苦的，但至少是熟悉的。大脑总是倾向于固守已知的东西，认为未知的一切都是危险的，因为无法掌控。这就是大脑不喜欢或忽视当下时刻的原因。”

简而言之，人类思维的本质是固守旧模式并在此基础上进行再创造。回顾一下自己的家族史，你可能就会注意到这些模式。人类世代相传的那些适应性行为正说明了我们很难摆脱这些既定的模式。

以我自己为例。我一度埋怨妈妈对我过度保护，责怪她不鼓励我成长，她的保护使我变得越来越软弱。也许，这也正是我决定探索一条自我成长之路的原因。但我明白，她没有丝毫恶意，她只是在尽自己最大的努力对我好。

重点在于，人们只能基于自己的认知水平和外部环境，尽其所能地行事，所以一定会犯很多错误。这是人类的通病，是所有人都要经历的。

人类试图去做的最荒谬的事情之一就是想要改变过去。过去发生的事情就应该发生，因为它确实已经发生了。现在的问题是，接下来你打算怎么做？

如何放下怨恨？

为了放下怨恨，你需要认识到以下几个问题的重要性：

- 改变或重新审视自己的解读；
- 直面导致怨恨产生的人和事；
- 原谅（打破自我认同的束缚）；
- 忘记（不再重复）。

怨恨源于你对所发生事情的解读。这种解读可能会让你感到被背叛，让你怒火中烧，甚至产生报复的冲动。在脑海中重现那些不愉快的场景会使你产生更多的怨恨，而且，倘若你不去直面那些导致怨恨产生的人和事，怨恨情绪就会不断蔓延。

为了阻止怨恨不断累积，你需要重新审视自己对所发生事情的解读，同时学会直面你所怨恨的人和事。当你这样做时，你会发现自己更愿意去原谅一些人和事，同时会慢慢放下怨恨。最后，你要学会忘记。这需要你停止在脑海中一遍又一遍地回想当时的场景。这个过程可以称为“放下怨恨的‘4步法’”。

1. 改变或重新审视自己的解读

为了正确看待某件事情，你需要好好审视一下自己对这件事情的解读。你是否过度戏剧化地描述了当时的情况？这其中会不会有什么误解？实际情况到底如何？事实往往会在你摒弃自己的解读之后才浮现出来。真实的情况会带来有价值的信息，从而促使你用更有力量且恰当的解读替换你现有的解读。

2. 直面导致怨恨产生的人和事

如果你的怨恨是针对某些人的，那你需要与他们真诚地讨论，并分享自己的感受。

通常，当你不愿意与自己怨恨的人交流感受时，怨恨就会累积起来。这往往是由于恐惧：害怕自己显得脆弱，害怕伤害那个人，害怕你们之间的关系因此恶化。如果你真的无法和那个人直接对话，写信沟通也是一个不错的选择。即使你不把信寄出去，只是写信这个简单的行为也能在一定程度上帮你放下怨恨。

3. 原谅

现在你已经找到了一种自我表达的途径，那么试着开始原谅吧。

你重新审视了自己的解读并了解了事实。如果需要，你还会和自己怨恨的人真诚地交流。你做了所有该做的事情，现在可以放手了。

想想怨恨所带来的负面影响，看看它是如何影响你的幸福感和内心平静的。请记住，怨恨是你过度依赖过去的结果。原谅才能使你与当下——这个唯一真实的存在——重新建立起联系。同时，原谅能够帮你忘记那些不真实的过去，直至彻底与它们告别。**想象一下，一旦放下怨恨，生活会变成什么样子，你又会有什么样的感受。现在就去做吧。**然后，学着放下和原谅。

记住，原谅是一种自爱的行为。它不仅是因为你有同情心，更是因为你对幸福的珍视高于一切。当你选择原谅时，你放下了对自我的依赖，放弃了与其相关的所有想法。

4.忘记

最后一步，忘记。你要抛开使你产生怨恨心理的那些念头，让生活继续。当这些念头再次出现时，试着放下它们。随着时间的推移，它们会逐渐失去控制力。

实践练习

请完成实践练习部分相应的练习（第4部分“怎样通过管理情绪实现自我成长？”的练习6“用‘4步法’放下怨恨”）。

第25章 忌　妒

你之所以会忌妒，是因为你渴望得到一些别人有但你目前没有的东西。每个人都会时不时地忌妒他人，你完全不必因此自责。在本章中，我将解释忌妒心是如何工作的，并为你提供一些应对它的方案。

如何利用忌妒心促进自我成长？

忌妒心源于“我不够好”的信念，来自内心最空虚的地方。忌妒的表现是，一方面，你觊觎别人拥有的东西，相信这些东西会使你感到满足；另一方面，你害怕失去那些你认为本该属于你的东西。

忌妒心可以帮你找到真正想要的东西

忌妒心可以让你知道也许你选错了道路，并帮你找到真正想要的东西。例如，苏珊·凯恩（Susan Cain）在她的《安静》（*Quiet*）一书中提到，她曾经非常忌妒那些作家或心理学家朋友。有趣的是，当时的她是一位律师，但她并不像其他律师朋友一样会忌妒成功的律师。这让她意识到，也许律师并不是她真正想要追求的职业。最后，她改变了自己的职业方向，成了一位作家。

我也有过类似的经历。当我还是咨询顾问时，我发现自己并不忌妒或仰望公司里的成功人士。然而，在个人发展过程中，我渐渐开始忌妒一些成功的博主。当意识到有人正在做我自己非常想做的事情时，我产生了强烈的忌妒心。我想象着如果自己也可以在他人学习和成长的过程中给予帮助，并为社会做出贡献，那将是一件多么美妙的事情。正因如此，我创建了个人博客并开始写书。如你所看到的，忌妒心如果利用得当，对我们的生活是非常有帮助的。

找出你所忌妒的人，然后想想：忌妒对你来说意味着什么？你究竟想从生活中得到什么？

忌妒表明你有一种缺失感

在一些情况下，忌妒可能表明你正处于一种感觉自己有所缺失的心态。以我自己为例。当看到畅销书作家时，我有时会忌妒。我觉得他们好像偷了一块本该属于我的馅饼，我和他们一样也该得到那样的成功。我不会为有这种感觉而骄傲，但也不会责怪自己有这种感觉。

这种忌妒源于一种信念：世上的成功是有限的。因此，每当有人取得一点成功时，他们似乎都是在偷走你成功的机会。事实上，情况并非如此。以作家为例，情况正好相反。一位作家与其他作家合作得越多，他（她）成功的概率就越大。如果一位作家总是试图一个人完成所有的事情，他（她）就很容易失败。当然，这不仅限于作家。从竞争转为合作可以帮助你把心态从感觉有所缺失调整为感觉很富足。

现在，当再看到其他作家取得成功时，我会告诉自己这是一个多么好的消息。因为如果其他作家能做到，我也可以。同僚越成功，对你越有帮助。同样，你越是愿意帮助其他作家取得成功，他们将来也就越能帮助到你。正如金牌销售及励志演讲家齐格·齐格勒（Zig Ziglar）所说："如果你能帮助别人得到他们想要的东西，你就可以拥有生活中想要的一切。"记住，其他人能做到的，你也可以。每个人都有属于自己的成功。

你可以选择合作而非竞争。回想一下你忌妒别人的时候，问问自己："为什么我当时会有这种感觉呢？"然后再问问自己：

- 支持那个人会是什么感觉呢？
- 我该怎样和那个人合作？
- 为什么那个人的成功对我有好处？

忌妒可能是在提醒你解决自尊问题

也许你时常担心自己的男朋友或女朋友欺骗你或离开你。这通常是因为你觉得自己不够好，需要通过男朋友或女朋友来使自己看起来更加完美。不幸的（或幸运的）是，就像你无法控制人们对你的看法或行为一样，你也无法控制你所爱之人的想法或行为。通常，希望掌控伴侣的想法只会将他们推得更远。其实，时不时地产生忌妒情绪是很正常的，但如果忌妒过了头，就需要及时审视自己了。我们的不安全感和恐慌感通常源于内心的自卑，以及对自己不能或不会被爱的担忧。

忌妒可能会导致你做出以下行为。

- 试图控制你的伴侣。你会经常检查伴侣的手机或电子邮件，或者阻止他（她）外出与朋友聚会。
- 测试你的伴侣是否爱你。你可能会对伴侣的行为方式有某种期待，一旦他（她）没有按照你预想的方式行事，你就会感到被背叛。这源于这样一种执念，即你的伴侣即使在不被告知的情况下，也应该能够明白你的期待，这样才能证明他（她）是爱你的。

· 想象出不存在的事情。通过对现实的推断，你会在头脑中臆想出各种没发生过的事情。

建议你参阅第20章，回顾如何培养健康的自尊心。

忌妒可能是在提醒你停止与他人比较

弗农 · 霍华德在《你的超强大脑》中说：

> “太多人都有一种挥之不去的执念，认为其他人看起来总是比自己快乐。但我可以向你保证，事实绝非如此。如果你能看到那些面带微笑的人和乐观的人内心深处隐秘的悲伤，你就会知道，他们是多么热切地希望换一个生活环境、做一些完全不同的事情或者以一种全新的面貌出现在大家面前。”

忌妒往往源于与他人的比较。你要意识到这种比较由于本身存在偏见，通常结果只会适得其反。事实上，人们几乎不会拿苹果与苹果做比较。你只看到朋友的成功，却没有意识到这可能只是他们整个人生的一小部分。表面上看来，他们可能很幸福又很成功，但他们可能并不快乐，甚至很抑郁。因此，与其假设你的朋友比你快乐，不如假设你和他们一样快乐。

此外，不要只关注朋友那些比你更优秀的方面。也许，你在意的是你的朋友赚钱比你多。也许，你在意的是在你单身的时候，你的朋友有人陪伴。又或者，你可能羡慕你的朋友拥有一些先天优势和出众的能力。可问题是，这样的比较并不对等。你忽视了自己的优势和品质，这会让你感觉自己不够好。

更糟糕的是，你可能经常同时与好几个人进行比较。拿他们各自成功的地方与你自己做比较，必然不会得到满意的结果。试问，一个人的智慧怎么和好几个人的集体智慧抗衡？你能看出这种比较存在多么严重的偏差、是多么不现实吗？然而，这是许多人在无意识的状态下经常会做的事情。

因此，如果你产生了忌妒情绪，那很可能是这种不公平的比较所导致的。**为什么不将今天的你与昨天的你进行比较呢？**毕竟，你唯一能做的就是努力让自己比昨天、上个月或者去年更好。每个人都来自不同的环境，拥有不同的技能和个性，所以人与人之间并没有可以公平比较的东西。

实践练习

请完成实践练习部分相应的练习（第4部分“怎样通过管理情绪实现自我成长?”的练习7“放下忌妒”）。

第26章 抑 郁

> 抑郁最可怕的地方是它会使你上瘾。不抑郁反而让你感觉不舒服。你甚至会觉得快乐是有罪的。
>
> 皮特·温兹（Pete Wentz），音乐家

非临床性抑郁[①]往往是由于你对自己的生活环境非常不满意，对改善它不抱有任何希望，且一直无法接受它。这可能发生在你经历了某些悲惨的生活事件之后，或随着你生活的某些方面逐渐失控而慢慢出现。抑郁源于对生活的一个或多个方面感到绝望。以下是一些具体例子。

① 非临床性抑郁指有悲伤、绝望、焦虑、无价值感等抑郁症状但仍未达到抑郁诊断标准的阈下抑郁状态。——译者注

· 你失业了，找到一份符合自己期望的新工作的希望很渺茫。

· 你生病了，没有彻底康复的希望。

· 你离婚了，只能偶尔见见自己的孩子。

· 你觉得自己很难找到合适的伴侣。

· 你似乎永远都无法摆脱负债的困境。

· 你经历了丧亲之痛。

上述事件当然是悲惨且不幸的，但有时候抑郁也可能由一些十分普通的事件引发。例如，有的人可能会花很长时间沉溺于过去或担心未来，即使生活中并没有发生什么重大事件，他们也可能会变得沮丧、抑郁。

你必须提醒自己，抑郁和其他情绪一样只是一种情绪，无所谓好坏。你的抑郁情绪并不能代表你。在体验它的整个过程中，你都始终独立于它而存在着。

抑郁情绪的产生是一个主动的过程

虽然看起来似乎是你不幸地体验到了抑郁情绪，但其实这完全是因为你对消极想法的认同造成的。因此，你确实应该对抑郁情绪的产生负一定的责任。但这是否就意味着你应该因为抑郁而感到内疚或彻底被其击败呢？当然不是！永远不要为自己的任何情绪而感到自责，这样做毫无意义。事实上，你在“制造”自己当前的情绪状态中发挥了作用，因此，你同样有能力摆脱它。

还记得大卫·雷诺兹在《建设性生活》中关于抑郁研究的第一手经验吗？他的抑郁症完全是自己“制造”出来的。这是一个主动的过程，包括采用特定的身体姿势、重复某些语句，并配合某些消极的想法。他需要通过这些特殊的方式来进入真正的抑郁状态。

好消息是，因为你有能力“制造”抑郁，所以你也有能力摆脱抑郁。当然，在极度抑郁的状态下，想要忽视消极想法并以积极的想法取而代之是极具挑战性的。即使你试图去想一些积极的事，比如那些令你感恩、快乐或幸福的事，它们也很难在短时间内发挥作用。

除了抑郁，你也会体验到其他负面情绪，比如愤怒。一开始，你很可能会忽视自己的愤怒。你的朋友甚至可能会告诉你要克制自己的愤怒——因为他们宁愿看到你沮丧，也不愿意看到你愤怒。然而，有时愤怒可以帮你登上情绪的阶梯，最终帮你摆脱抑郁。请记住，只要不是抑郁，其实任何情绪对你都是有帮助的。**因此，你要学会去拥抱那些似乎能给自己带来更多能量的情绪状态，从而累积更多的能量来登上情绪的阶梯。**

大卫·雷诺兹还表示，即使是深陷抑郁中的人，随着时间的推移，也会有情绪上的波动。他在《建设性生活》中写道：“即便在最抑郁的时刻，仍然会有一些微弱的光之涟漪照亮我们的心情。”你可以利用自己感觉比较好的那段时间，来进行任何可能对你有益的活动。

如何利用抑郁来促进自我成长?

抑郁是你已经与现实脱离的标志。你有没有注意到？其实人类是地球上为数不多的会抑郁的物种之一。这是因为人们常常迷失在自己的思维之中，被那些消极的想法和不自信的自我所奴役。

抑郁是一种信号，它提醒你放下对过去和未来的担忧，放下对当前状态的解读，重新回归现实。这也许是一个强有力的信号，因为它需要你放弃多年来一直坚持的自我认同。这种自我认同让你相信自己必须做某些事情，如赚一定数量的钱、选择某种生活方式或达到某种社会地位。

抑郁会提醒你与自己的身体和情绪重新建立连接，同时摆脱思维的控制。因为，抑郁本身就是你的大脑制造出来的。一些经历严重创伤、悲痛或抑郁的人喜欢让自己忙碌起来，以免不停地回忆和思考。抑郁时，过多地思考并不是一个很好的解决方案。几乎没有人因为不断思考而摆脱抑郁情绪。

因此，你应该用重新与自己的身体进行连接去代替思考。运动是做到这一点的最佳方式，并已被证明对改善情绪非常有效。

在极少数情况下，严重的抑郁症可能使人身心分离。当这种情况发生时，个体的自我会突然消失。正如埃克哈特·托利在他的《当下的力量》一书中回忆的那样，这种情况就曾经发生在他身上。某天，他突然醒来，发现自己的大脑完全无法思考了。以下是他对这段经历的回忆：

> “这次打击一定非常彻底，以至于那个虚假的、痛苦的自我立即崩溃了，就像拔出了塞子的充气玩具一样。”

总之，抑郁是在提醒你脱离虚假的自我，重新与现实建立连接。它提醒你摆脱思维的控制，不要一味地回忆过去或担忧未来，尽可能多地活在当下。为了回归当下，你需要与你的身体和情绪重新建立连接。

为了从抑郁状态中走出来，摆脱思维的束缚至关重要。从“感觉”上摆脱抑郁比从“思维”上摆脱抑郁更容易。我敢说，大多数人一生中90%以上的时间都是在自己的头脑中度过的。他们只有在意识完全觉醒或活在当下的时候，才是一种清醒的状态。例如，他们不去倾听他人说话，但他们会：

- 判断和解读他人所说的话；
- 预测他人接下来要说什么；
- 迷失在他人的想法中。

所有这些事情都是在思维层面发生的，说明人们根本没有活在当下。他们要么被困在过去，要么在担忧未来，从而不断被负面情绪纠缠。当然，严重的抑郁症需要专业人士的帮助，但对于较轻的抑郁状态，我在这里提供了一些应对的策略。

运动。正如之前所讨论的，运动是让心灵平静以及与身体建立连接的最好方法，并且运动对情绪有积极影响。

冥想。冥想是观察自己的思维和放下执念的有效方法。通过在冥想中观察自己的想法、情绪和感觉，你可以重新与现实建立连接，而不至于迷失在思维中。

转移注意力。忙碌可以避免过度思考。不要用持续的消极想法来助长你的抑郁情绪，而应该尽量把注意力集中在你要做的事情上。

关注他人。正如戴尔·卡耐基在《如何停止忧虑，开创人生》中提到的，阿尔弗雷德·阿德勒（Alfred Adler）曾对他的抑郁症患者说："如果严格遵循这个处方，你的抑郁症可以在14天内痊愈。这个处方就是：试着每天都想想如何让别人开心。"无论这个处方是否有效，关注他人肯定能帮助你淡化自己的问题，并让你将注意力放在更积极的事情上。

可悲的是，当你感到抑郁时，你可能根本不想做这些事情。然而，只要你开始行动，试着让自己忙碌起来，你的处境将逐渐改善，事情也会变得越来越容易。因此，迈出第一步十分重要。

实践练习

请完成实践练习部分相应的练习（第4部分“怎样通过管理情绪实现自我成长?”的练习8“缓解抑郁情绪”）。

第27章
恐惧和不适

> 新生活总是从走出舒适区开始的。
>
> 香农·L. 阿德勒（Shannon L. Alder），励志作家

每当我们打算尝试新事物时，都会不自觉地感到焦虑，也会不自觉地担心。我们害怕未知。这就是为什么大多数人都不喜欢改变日常的生活习惯，希望一直待在自己的舒适区。从大脑的角度来看，这是完全合理的。如果目前的习惯使我们感到安全、舒适，且可以很好地帮我们避免生存（或自我的生存）威胁，那为什么我们还要费心去改变它们呢？因此，人们会倾向于保持不变的生活习惯，或者一遍又一遍地产生同样的想法。同时，这也使

我们明白，为什么在试图改变自我时会遇到那么多的内部阻力。

当你尝试走出舒适区时，不可避免地会感到恐惧和痛苦。那么，现在的你是想一生大部分时间都待在同一个地方，避免任何风险呢？还是想追求梦想，看看自己究竟可以成为什么样的人呢？你要知道，大多数恐惧心理的产生都只是由于你的自我而不是你的生存受到了威胁。一般来说，这种威胁往往不是身体上的，而多半来自你的想象。如果总是谨小慎微地行事，那么你很可能会因此错过真正精彩的生活，也会在未来的日子里感到后悔。

以下是你可能遇到的一些使你产生恐惧心理的情形。

对被拒绝的恐惧。你时刻都在担心被拒绝。你也许是在担心某个特定群体会对你的外表产生排斥心理，但通常这种心理更加微妙。例如，你可能会害怕：

- 人们不赞成你发表的意见；
- 约某人出去却被拒绝；
- 分享自己的工作成果却因此受到批评。

对失败的恐惧。你害怕失败，这通常是因为你觉得自己不够好，并对此感到极度恐惧。但潜藏在这种心理之下的，可能是你害怕被嘲笑，认为失败会摧毁你的自尊。

对失去的恐惧。你害怕失去，因为你担心遭受损失。这就是为什么你往往更有动力去避免失去些什么而不是努力去得到些什么。

对打扰别人的恐惧。你害怕打扰别人，这也许是因为你觉得自己其实没有那么重要。因此，你可能会因为害怕显得自私而不愿意肯定自己。

对成功的恐惧。你害怕成功。你可能担心自己无法承受肩上的额外压力。

如何利用恐惧促进自我成长？

害怕开始做一件事恰恰说明你应该继续做这件事。因为这往往是自我成长的绝佳机会。恐惧和其他情绪一样，只存在于你的头脑中。这就是为什么你会以一种极度谨慎的态度开始做某件事，但当你轻松完成它的那一刻，却突然意识到自己起初的害怕是多么的愚蠢。

最终能够完成自己最疯狂的目标的人是那些愿意离开舒适区的人。随着时间的推移，他们慢慢适应了那些让自己心里不舒服的事情。回想一下你曾经抗拒去做，现在却习以为常的事情。例如，我敢打赌第一次开车或第一天上班时，你都感到十分害怕。但现在的你，是不是早已习惯了自己开车去上班呢？

事实是，人类有强大的学习能力。关键是要习惯偶尔的不适感。如果不能面对自己的恐惧，你将极大地限制自己的潜力。一直待在舒适区也会摧毁你的自尊，因为在你的心里，你非常清楚自己并没有做那些该做的事情。

自然界中的万事万物有一条定律：要么生长，要么死亡。人类也一样。一直待在舒适区的人，其实已经从内部开始死亡了。不要让这种情况发生在你的身上。正如本杰明·富兰克林（Benjamin Franklin）所说："其实有些人在25岁时就已经死去，却直到75岁才被埋葬。"请确保你不在这些人当中！

采取行动

你要意识到，即使是世界上最成功的人也有感到恐惧的时刻。这是走出舒适区的第一步。勇敢并不意味着没有恐惧，而是要不畏恐惧坚定前行。同时你要知道，恐惧是不会消失的，但无论如何你都要去做自己想做的事情。**没有恐惧，就没有勇气。**当你能够直面自己的恐惧时，你会逐渐培养出勇气，并将其转化为一种习惯。

在采取行动之前，你不需要避免使自己陷入恐惧或麻木自己。相反，你必须接受恐惧不会消失的事实，并习惯它。然后，坚定地采取行动。

走出舒适区

准备离开自己的舒适区前，你可以问问自己："我最应该去做，却因恐惧而拖延了的事情是什么呢？"一旦完成了这件事情，你可能会体验到一种前所未有的自豪感和真正活着的感觉。这表明你正走在正确的道路上。你也可以把这种体验看作是大脑给你的走出舒适区的奖励。

实践练习

请完成实践练习部分相应的练习（第4部分“怎样通过管理情绪实现自我成长?”的练习9“克服恐惧和不适”）。

第28章 拖　延

> 把那些你想让它们彻底消失的事情推迟到明天去做吧。
>
> 巴勃罗·毕加索（Pablo Picasso）

拖延在很大程度上是一个情绪问题。虽然有很多有效方法，但在大多数情况下，学会正确地管理情绪才是解决拖延问题的关键。

你为什么会拖延？

人们拖延的原因不尽相同。以下是一些比较常见的情况：

- 任务本身很无聊；
- 任务不是十分重要；
- 任务太具挑战性（或你认为它非常具有挑战性）；
- 担心自己做不好；
- 习惯性的懒惰。

试想一下，如果你接到的是一项十分重要的任务，很有趣、很容易上手又不太可能失败，你还会拖延吗?

我相信恐惧是导致人们拖延的主要原因。因为害怕自己做不好，所以宁愿推迟完成某项任务。虽然人们可能会用很多理由来说服自己，比如，这项任务并不十分紧急或重要，或者他们很累，但事实往往是：他们感到害怕。

请注意，拖延本身并不是懒惰的标志，也并不代表你的身体出了什么问题。每个人都有拖延的时候。然而，如果经常拖延，那可能说明你要么是有一些自尊问题，要么是缺乏自律。

如何利用拖延来促进自我成长?

拖延可能意味着你太信任自己的大脑了。你不是大脑的主人，而成了它的奴隶。你要为此付出的代价是：

- 无法过上自己想要的生活；
- 无法实现自己的梦想；
- 自卑、内疚和不快乐。

记住，当大脑告诉你“你累了，休息一下吧”或者“明天再做吧”，这并不是命令。你不必遵循它。你和你的情绪是分离的，同样，你的思维也并不能代表你。无论脑海中浮现出什么想法，你都可以选择接受它，或忽视它。

下面我要分享克服拖延的“16步法”。别担心，它并不像乍看起来那么复杂。

彻底告别拖延的“16 步法”

第 1 步，了解拖延背后的原因。

首先你要弄清楚自己为什么会拖延。正如我们之前所讨论的，拖延背后一定有具体的原因。通常，拖延往往与恐惧有关——你的大脑会告诉你，避免恐惧的最佳方法就是什么都不做。拖延的另一个原因可能是任务本身很困难。人们总是尽可能地避免经受痛苦，并最大限度地增加快乐。你的大脑就是这样工作的。另外，你也可能因为缺乏动力而拖延。当你觉得自己需要完成的任务并不是你未来愿景的一部分，且你对它也不是十分感兴趣时，就会发生这种情况。如果你发现自己缺乏做某事的动力，问问自己为什么。然后，可以考虑以下解决方案：

· 把任务交给他人；

· 取消任务；

· 重新定义任务，使其成为你更大（和更令你兴奋）的愿景的一部分；

· 重组任务，使其更容易被完成；

· 只要着手去做就可以了（见第13步）。

花点儿时间，找出自己拖延的真正原因。

第2步，提醒自己拖延要付出代价。

拖延不是一个小问题，它会带来严重的后果。

· 拖延的直接后果是，你在有限的生命中取得的成就减少了。

· 拖延的间接后果是，你可能会经常为此感到不快。你会责怪自己没有去做本应该做的事情，这将导致你为一些不必要的事情担忧，你的自尊心也会因此受到伤害。

第3步，发现潜在的自我认知。

要想彻底克服拖延，你需要找到拖延的深层次原因。当你产生拖延的冲动时，你的自我会告诉你什么呢？你脑海中浮现出了什么样的想法？你会找什么样的借口呢？以下是一些常见的借口：

- 我太累了；
- 我做不好；
- 我明天再做；
- 这其实并不是十分重要。

下面，让我们依次看一下这些借口，然后想办法着手解决。

我太累了。虽然这可能是真的，但你必须意识到，你的思维不可能完全代表你。有时候，你也许并不需要听从自己的想法。美国海军海豹突击队队员大卫·戈金斯（David Goggins）曾提出过一条“40%法则”。这条法则是，在你认为自己的精力已经耗尽的时候，其实你只使用了大脑容量的40%。关键在于，即使感到疲劳不堪，你仍然可以调用很多储备能量。因此，下班后再花两个小时的时间在副业上是不会消耗你太多精力的。

我做不好。如果你把一项任务安排在今天，这意味着你相信自己可以做到。因此，为任务会完成得不好而恐惧是完全没有必要的。毕竟，如果你认为自己今天的工作将做得很糟糕，难道明天就会出色地完成吗？多半不会。那只是你给自己找的一个借口而已。

我明天再做。明天再去做可能没什么大不了，然而，如果不能约束自己完成今天的任务，那么你在以后过上自己理想生活的概率又有多大呢？请记住，约束自己完成既定的任务有助于你为未来的理想生活打好基础。在生活中，想要创造任何有价值的东西都需要我们付出时间和努力，也需要自律。

这其实并不是十分重要。即使这是真的，不完成自己既定的任务也会形成恶性循环。因为在意识中的某个地方，你知道自己仍然需要完成这项任务。如果继续推迟这项任务，你很快就会失去行动的动力。在某个时刻，你甚至可能会在不知不觉中感到被这项任务困住了。

第4步，重塑自我认知。

回顾一下你给自己找的借口。你真的太累了吗？你真的没时间吗？你真的想把一切都做得完美吗？现在你已经对自我有清晰的认知了，那么，请建立一个全新的自我认知，摒弃那些固有的、无用的自我认知吧。以下是重塑自我认知的一些示例：

· 我没有时间这样做→我可以找到并抽出时间来履行自己的承诺。

· 我太累了→我可以控制自己的大脑，我的能量比想象的要多。我可以完成既定的任务。

然后，你要根据新的自我认知来创建一些积极肯定句。你可以每天早晨或全天对自己重复这些句子，直到它们成为你自我认知的一部分。记住，拖延是一种习惯。你需要重塑自我认知，并养成一种新的习惯：**无论是否愿意，都要按部就班地完成你的既定计划。**（更多相关信息，请参考第14章“调整你的思维模式来获得更加积极的情绪体验”）

第5步，搞清楚为什么缺乏动力。

拖延往往是由于缺乏动力。当你对一个目标非常感兴趣时，你是不会逃避的，对吧？你会迫不及待地去完成它。

再看看你经常拖延的那些任务。为什么会是它们呢？你要如何将这些任务变成你美好愿景的一部分，从而让自己动力满满呢？你能适当地调整一下这些任务吗？你能从这些任务中学到一些东西吗？你能想象自己在完成这些任务时那种非常骄傲的状态吗？

你越是明白为什么有些任务会被拖延，就越容易克服拖延。

第6步，识别拖延的表现形式。

你还需要关注拖延的表现形式。你拖延的时候都会做些什么？出去散步吗？上网观看视频吗？喝咖啡吗？又或者，读一本关于如何克服拖延的书？

除非你能意识到拖延在自己生活中的所有表现形式，否则它是很难被克服的。

第7步，保持冲动。

当你有去做某些会让你分心的事情的冲动时，你会有什么样的情绪呢？请充分感受这种情绪。不要进行自我评判，不要自责。接受现状。当你这样做时，你能够更好地掌控自己的大脑。（更多相关信息请参考第13章。）

第8步，记录自己所做的一切。

请在笔记本中连续记录一周自己所做的每一件事情，以便评估做事的效率，了解拖延的表现形式。每当你从一件事切换到另一件事时，要将细节详细记录下来，并准确地写下自己做每一件事所花费的时间。

周末的时候，你将知道自己究竟花了多少时间在“真正的”工作上，以及花了多少时间在那些分散自己注意力的事情上。也许这个结果会令你震惊。

第9步，设定明确的目标。

在执行任务之前，请确保自己确切地知道需要做什么。问问自己：“我需要具体做些什么？最终的结果会怎样？”这样，你就可以在很大程度上减少大脑制造借口的机会。

第10步，做好准备。

我们的大脑不喜欢复杂的事情，它希望事情足够简单。因此，请确保排除所有可能对完成任务造成障碍的情况，以便你可以立即开始执行任务。例如：

· 如果你想跑步，请提前准备好跑步的装备，这样你就可以在醒来后立即去跑步（当然，首先要充分热身）；

· 如果你的任务需要用电脑完成，请清理电脑桌，排除所有的干扰，并确保你可以立即访问所需文件。

第11步，从小目标开始。

与其给自己施加很大的压力，不如先从小目标开始。例如，与其一下子就完成两页手稿，不如先写一小段。与其下决心每天锻炼身体1小时，不如先从完成5分钟锻炼任务开始。拆分任务将帮助你克服拖延，还能增强你完成任务的动力。因此，如果可以选择，请确保从小目标开始，以减轻压力。

第12步，累积小成就。

每天处理艰巨的任务会让你更容易失败并扼杀你的动力。学习拆分任务并设置小的里程碑（这些里程碑往往是可以轻松实现的），这将：

- 帮助你养成百分之百完成任务的习惯；
- 增强你的自尊心（随着小成就的不断累积）；
- 减少你拖延的冲动。

每天设定小目标，并在几周内实现这些目标。通过这样做，你将在很大程度上增强自信心，并能在未来更好地完成那些具有挑战性的任务。请记住，按时做完事情是一种习惯，与任何其他习惯一样，它是可以通过不断学习和练习来养成的。

第13步，着手去做。

通常，当你开始处理任务时，你会进入一种所谓的“流程”，这会使任务变得容易很多。在这种情况下，你的积极性会增强，也能更加专注于任务。

进入“流程”的最佳方法就是着手去做。为了让自己更容易进入状态，你可以先处理任务5分钟，看看会发生什么。摒弃任何“必须要有出色表现”的想法，并允许自己完成得很糟糕。你可能会在这项任务上花费比原计划更多的时间。请注意，这项任务越需要你集中注意力，你就越有可能快速进入“流程”。

此外，你可以使用梅尔·罗宾森在她的《5秒法则》一书中介绍的“5秒法则”。她认为，在大脑说服我们放弃之前，我们一般只有5秒钟的时间决定是否采取行动。（关于这部分内容，请参考第14章。）

第14步，养成好习惯。

如果你习惯在重要事情上拖延，那么，最好早上起床的第一件事就是着手去做这些事情。例如，如果你想写一本书，那么你每天早上一起床就要开始写作。你可以从简单的小目标开始，如设定一个每天写50个字的小目标，保证每天早上完成它。只要你按时完成小目标，你就能养成写作的习惯，降低拖延的可能性。

第15步，运用具象化。

你还可以运用具象化来克服拖延。以下是两种具体的方法：

1.想象自己正在执行任务。想象自己打开电脑，开始打字。想象自己穿着跑鞋去跑步。这个方法已被证明可以增加人们完成任务的可能性。试试看吧。

2.想象自己已经完成了任务。某项任务完成后，你会有什么感觉？自由？快乐？骄傲？现在，试着想象自己完成了任务之后的感受。通过这种方式，你会感到内驱力得以增强，这将促使你顺利完成任务。

第16步，找一个伙伴来督促你。

如果在完成任务时遇到困难，你可能需要有人来督促。当我觉得自己可能会拖延时，我喜欢给朋友发信息，告诉他我会在特定日期之前完成某项任务。

找一个能定期与你沟通并督促你的伙伴。你可以每周和他

（她）谈谈，并分享你的任务清单。你可以看看那些可能会推迟的重要任务，并为每项任务设定一个截止日期。然后，给你的伙伴发送电子邮件，告诉他（她）你会在什么时候完成任务。

按照这个“16步法”，你应该能够彻底告别拖延，或至少显著减少拖延倾向。

实践练习

请完成实践练习部分相应的练习（第4部分“怎样通过管理情绪实现自我成长?”的练习10“用‘16步法’告别拖延”）。

第29章 缺乏内驱力

> 人们常说内驱力不会持久，洗澡亦是如此——这就是为什么我们建议每天洗澡。
>
> 齐格·齐格勒

缺乏内驱力通常是因为你没有创建令你兴奋的愿景。有美好愿景的人很少缺乏内驱力——虽然在实现愿景的道路上他们可能经常遇到挫折、感到沮丧甚至轻度抑郁，但他们往往会用那些美好的愿景来提醒自己，从而迅速恢复积极的状态。

缺乏内驱力也是你没有在“追求自己的幸福”的表现，它表明你正在做的事和你是什么样的人之间是错位的。

我从未听说过哪位诺贝尔奖得主因为觉得自己的工作无聊而

提前退休的。事实上，他们中的大多数人都会奋斗到离世的那一天，这是因为他们有明确的奋斗目标。同样，我也从未见过哪位亿万富翁选择出售他们的公司，然后在热带岛屿上度过余生。也许他们尝试过，但很快他们就会意识到，生活会因此变得非常乏味。

关键在于，从根本上来说，你其实并不缺乏内驱力，只是没有做自己应该做的事情。你没有充分发挥自己的优势，也没有创建可以激励自己的未来愿景。或许，你被困在了一份没有前途的、无聊到令人欲哭无泪的工作中。又或许，你现在只是为了钱或者是为了满足父母的心愿而工作。那么，也就不难理解为什么你会缺乏内驱力了。不过，幸运的是，你完全可以找回内驱力。

如何利用内驱力（或缺乏内驱力）促进自我成长？

缺乏内驱力表明你需要过上一种更适合自己的生活。这需要你深入地了解自己的优势、个性和动机，同时确保它们能够在日常生活中发挥作用。

了解你的优势

当你把大部分时间都花在一直困扰自己的事情上时，你感觉如何？也许这不会给你带来内驱力。可悲的是，很多人都在做着一份发挥不出自己优势的工作。因此，他们一直在挣扎，并想知道自己未来40年里是不是要一直被困在这份令人痛苦的工作上。从事令自己痛苦的工作和从事自己真心喜欢的工作，二者有巨大差别，对此我有切身体会。我可以证明，当你觉得自己在做对的事情时，你的内驱力和精力都是无与伦比的。

你是否注意到你更喜欢做自己擅长的事情？你可能并不喜欢这项任务本身，但从中得到积极反馈会给你带来一种自豪感，使你产生良好的自我感觉。现在，如果有人不断地提醒你，你的工作完成得有多糟糕，你还会一如既往地喜欢这项任务吗？

关键是，一定有你擅长做的事情，也一定有你喜欢做的事情。一旦你确定了自己擅长做哪些事情，并尽可能多地花精力在这些事情上，你就会感到更有动力。你甚至可能会发现自己其实喜欢做一件从未想过会去做的事情，仅仅因为它是你所擅长的。

为了能够专注于自己的优势，你可能需要重新审视一下自己的职业规划，比如，在同一家公司内更换职位，或完全改变职业方向。请记住，如果工作的每一秒都让你感到很痛苦，那你很可能没有在做自己应该做的事情。你有自己的优势，你的任务是找到它们。

了解你的个性

这与上一条有些关联，因为你的个性决定了你擅长什么。例如，内向或者外向会在很大程度上决定一个人的职业选择。如果你是一个内向的人，你更喜欢把大部分时间花在独处上或在小群体内互动，并希望自己尽可能地远离那些需要整天与客户互动的工作。你可能会发现自己在安静的环境中表现得更好。

你的核心价值观也会影响内驱力。也许独立对你来说至关重要，那么，自由职业显然比朝九晚五的工作更适合你。又或许你非常喜欢新鲜事物，想不断地学习，那么，那种重复性的工作就无法给你带来成就感。

了解你的动机

有时你缺乏内驱力，是因为你为自己设定的目标并没有起到激励的作用。虽然这个目标可能是你想要的，但你制订的实现目标的计划或完成计划的方式并没能激励你。

比如你计划要减肥。如果这个目标背后的任何一个原因都不能在情绪层面上触动你，你就不会有动力，并且很难实现它。因此，你的首要任务是找出减肥对你有什么影响。不断地问自己为什么想要减肥，直到你找到那些能够引起情绪共鸣的原因。记住，你不会因为减肥是“正确的事情”就去做。你想要减肥，是因为它会让你变成你想要的样子。这就是你赋予减肥的意义，如果想成功，你就必须把它做好。

现在，你也可以问问自己为什么不想减肥，这可能会帮助你发现自己纠结的原因。如果暴饮暴食让你感觉很开心，那么你需要问问自己为什么会这样。是习惯吗?是因为压力大吗?是因为周围的环境吗?还是因为这是你逃避某事的一种方式?

了解为什么要做某事很重要。一旦有了强大理由的支持，你会发现自己有无限的潜力。

内驱力的不稳定性

值得一提的是，你并不需要一直感到有动力。动力来了又去。当你感到没有激情做某事时，也没有必要自责。想要在缺乏动力时也能行动起来，了解以下几点很重要：

· 你是否有一个支持系统，让你能够坚持完成目标；

· 你能否培养自律能力，即使不喜欢做的事也会着手去做；

· 你能否做到自我关怀、爱自己，不会为了生活中的任何一次失误而自责。

建立支持系统意味着形成能够支持你朝着目标前进的日常惯例。例如，你可以利用每天早晨固定的一段时间来处理和目标有关的事情。每天按这种既定的模式做事也是培养自律能力的一种方式。另一种方法是每天给自己设定一些小目标，并始终如一地实现这些小目标。自我关怀意味着要学会鼓励自己，而不是一味地打击自己。

感觉自己被困住了

有时，你会感觉似乎被什么东西困住了。你完全没有动力做任何事情，或者感到不知所措，但可能并不知道为什么。这通常是因为你的生活中有太多未完成的循环，或者是因为在一项重大任务上拖延了。让我们来看看如何解放自己。

解放自己的简单“3步法”

每当感到自己被困住时，请试一下下面这个“3步法”。

第1步，列出所有需要完成的任务。

第2步，确定一项一直被推迟的任务。

第3步，完成这项任务。

通常，一定有某项任务已经被你拖延一段时间了。

虽然它不一定是一项很艰巨的任务，但一旦投入进去并最终完成它，你会获得非常积极的情绪体验，最终还可能会完成更多的任务。这会为你注入强大的内驱力，并帮你摆脱困境。如果你觉得这项任务很难完成，可以从一项相对简单的任务开始，这也将为你注入强大的内驱力。

将开环变成闭环

如果你拖延了太多任务或有太多未完成的计划，可以尝试以下方法：

· 列出你需要完成的所有任务或计划。

· 留出一段特定的时间来完成它们。也许，只需几个小时，你就可以完成其中许多任务。但也许你需要更长的时间。如果是这样，那就顺其自然。

· 对那些比较艰巨的任务，在接下来的几天或几周内，你只需要专注于其中一个，直到完成它。

· 重新规划或放弃其中的一些任务，或将任务交给他人。

实践练习

请完成实践练习部分相应的练习（第4部分“怎样通过管理情绪实现自我成长?”的练习11“重塑内驱力”）。

尾　声

感谢你购买这本书。我真诚地希望它能帮助你了解自己的情绪，并为你更好地掌控情绪提供必要的方法。记住，情绪决定了你的生活质量。因此，学会改变自己和环境来体验更积极的情绪对你的幸福至关重要。

让我们面对现实吧。人一生中一定会不断体验各种各样的负面情绪，但希望每一次你都可以提醒自己：情绪不是你，要想彻底摆脱它，你首先要学会接受它。悲伤、沮丧、忌妒或愤怒并不能代表你，你只是这些情绪的见证人而已。在这些暂时性的感觉消失后，你仍然是你。

情绪可以引导你。你要尽可能多地从它身上学习，然后放下它。不要过分执着于情绪，就好像你需要依赖它才能生存一样。绝非如此。不要轻易认同情绪，就好像它真的可以定义你一样。它没有这样的功能。相反，你能够利用它来促进自我成长。请记住，你可以超越情绪。难道不是吗？情绪来来去去，而你依然是你。

参考书目

A Million Thoughts, Learn all about meditation from the Himalayan mystic, Om Swami

As a Man Thinketh, James Allen

Ask and It is Given: Learning to Manifest Your Desires, Esther Hicks and Jerry Hicks

Breaking the Chain of Low Self-Esteem, Marilyn Sorensen

Breathwalk: Breathing Your Way to a Revitalized Body, Mind and Spirit, Gurucharan Singh Khalsa and Yogi Bhajan

Constructive Living, David Reynolds

How to Stop Worrying and Start Living, Dale Carnegie

Low Self - Esteem, Misunderstood & Diagnosed: Why You May Not Find the Help You Need, Marilyn Sorensen

The 15 Commitments of Conscious Leadership: A New Paradigm for Sustainable Success, Jim Dethmer and Diana Chapman

The How of Happiness, Sonja Lyubomirsky

The Power of Now: A Guide to Spiritual Enlightenment, Eckhart Tolle

The Power of Your Supermind, Vernon Howard

The Sedona Method, Hale Dwoskin

The Six Pillars of Self-Esteem, Nathaniel Branden

实践练习

第1部分　什么是情绪？

◆ 练习1：觉察你的负面情绪

举一个由生存机制引发虚构的威胁的例子，看看大脑是如何工作的。请在下面写下你的例子。

◆ 练习2：感知幸福

1.记录下那些能够给你“一剂多巴胺”的生活事件。

2.哪件事使你最为“上瘾”？如果让你休息一下，你会选择做哪件事？请写下来。

____

____

____

◆ 练习3：认识自我的本质

1.写下你认为自己最认同的事物，比如身体、人际关系、国籍、宗教信仰、汽车等。

____

____

____

____

2.在0~10的范围内，下列说法的真实性如何呢？

·我的自我倾向于把“拥有”等同于“存在”。

0______________________________________10

·我的自我喜欢不断地比较。

0______________________________________10

·我的自我永远不会满足。

0______________________________________10

·我的自我需要别人的认可才能感到自己被重视。

0____10

· 我想通过与聪明人或名人交往来提升自我价值。

0____10

· 我喜欢传播流言蜚语。

0____10

· 我有自卑情结。

0____10

· 我有自大情结。

0____10

· 我渴望成名。

0____10

· 我希望自己永远正确。

0____10

· 我经常抱怨。

0____10

· 我希望被关注（认可、赞扬或钦佩）。

0____10

3. 你的自我是如何影响你的情绪的？你的自我会以哪些方式引发负面情绪？请具体地写一写。

____

4. 对此你能做些什么？

◆ 练习4：认识情绪的本质

为了帮助你了解情绪的本质，这里讨论一种特定的情绪。

花几分钟时间将下面10个步骤在脑海中过一遍。如果你觉得有必要，可以闭上眼睛。

第1步，选择一种你最近体验的负面情绪。

你的负面情绪：

第2步，承认有这种情绪并不是坏事。看看它是如何来了又去的，但你仍然是你。

第3步，记住这种情绪，并留意它是如何在你现在的生活中无迹可寻的。

第4步，问问自己能从这种情绪中学到什么。它想告诉你什么？你如何利用它促进自我成长？

第5步，这种负面情绪是如何对你产生不良影响的？也许，它甚至让你相信自己永远无法摆脱它。

第6步，留意一下你是如何感觉自己需要认同这种负面情绪和（或）与之相关联的事件的。其实，你本可以摆脱它的。

第7步，记住，这种负面情绪会缩小你的视野，限制你的潜力。

第8步，回忆一下你是如何吸引更多负面情绪的。

第9步，分析一下你是如何通过添加自己的判断而导致情绪痛苦的。

第10步，最后你要明白，负面情绪只存在于你的大脑中，现实世界其实没有任何问题。

第2部分 影响情绪的因素

◆ 练习1：认识影响情绪的因素

改善情绪的方式有很多，你会采用哪种方式来积极地影响情绪呢？

1.你会如何使用自己的身体？你选择做什么样的运动？会适当使用高能量姿势吗？

2.你会如何控制自己的想法？你会冥想吗？你会使用积极肯定句或具象化方法吗？

例如：

· 每天早上花5分钟时间在脑海中把自己的目标具象化，让自己体会一下完成这些目标后会有怎样的感受。

· 每天早上醒来后冥想5分钟，坚持30天。

· 每天花5分钟时间反复对自己说“我非常自信”。

3.你会如何改善自己的睡眠质量?

例如:

·在睡前进行冥想。

·花10分钟时间完成睡前惯例，包括感恩练习、伸展运动和冥想。

4.你会如何调整自己的呼吸方式?

例如，每当负面情绪出现时，用几分钟的时间来放慢自己的呼吸节奏。

5.你会如何通过改变环境来改善情绪?

例如:

·每天至少读15分钟的书，并缩短看电视的时间。

·尽量少和消极的朋友在一起。

·每天只花15分钟在社交媒体上，坚持30天。

6.你会如何利用音乐来改善情绪?

例如:

·每天早上在做感恩练习时都会听感恩的歌曲。

·当感到有些沮丧时，会适当地选择听（或看）励志类的视频、跳舞或运动来改变自己的情绪状态。

·工作时会听古典音乐或白噪声，以便更好地集中注意力。

第3部分 如何改善情绪?

◆ 练习1：学习抵御负面情绪

第1步，识别情绪是如何产生的。

下面这个公式可以很好地解释情绪是如何产生的：

解读+认同+重复=强烈的情绪

· 解读：根据固有认知来解释一些事件和想法。

· 认同：在特定想法产生时你选择去认同它。

· 重复：同样的想法反复出现在你的头脑中。

· 强烈的情绪：当你多次体验同一种情绪时，它就已经成为你自我认同的一部分了。每当与之相关的想法再次出现，你自然而然地又会体验到这种情绪，而且它会变得愈发强烈。

第2步，回顾过去的事情。

回忆一下最近发生的一件令你感到愤怒、悲伤、沮丧、恐惧或抑郁的事情，然后试着写下以下问题的答案：

· 解读：到底发生了什么事？你因此产生了哪些想法？

· 认同：这些想法让你产生了什么反应？

· 重复：你是否反复认同了这些想法？

◆ 练习2：改变你对情绪的解读

第1步，问问自己："如果我能摆脱某些情绪，那么摆脱哪种情绪会对我的生活产生更积极的影响呢？"根据这个问题的答案，写下你目前面临的一两个情绪问题。

第2步，问问自己："我该如何解读才能代表我内心的真实想法？"然后写下你对这些情绪问题的解读。

第3步，问问自己："我需要如何解读才能避免体验这些负面情绪？"更积极的解读将帮助你解决这些情绪问题，请将你的新想法写在下面。

◆ 练习3：释放你的情绪

第1步，列出所有你想释放的情绪。

也许你觉得自己不够好。也许你正与拖延做斗争，感觉非常内疚和羞愧。也许你为自己过去所做的事情而深深自责，或者你十分担忧自己的未来。写下任何你能想到的情绪。

____

____

____

____

第2步，选择其中一种情绪，然后问问自己：

“我应该放下这种情绪吗？”

“我能做到吗？”（是/否）

“什么时候做呢？”（现在）

我想释放的情绪是：

____

____

____

____

小贴士：

刚开始可能很难成功，别担心，你有很多机会可以在未来的生活中不断练习这种方法。

◆ 练习4：调整你的思维模式

养成每天在头脑中沉淀积极想法的习惯。选择一种你想更多地在生活中拥有的情绪体验，并承诺每天都调整自己的思维模式，至少坚持30天。

可以选择的情绪体验如下：

· 感激。

· 兴奋。

· 自信。

· 确定感。

· 坚定感。

你的情绪：

____

你将如何调整自己的思维模式：

____

____

____

____

例如，你可以这样写：“我会闭上眼睛，对所有浮现在我脑海中的人说‘谢谢’，同时回想他们做的一件对我有帮助的事情。”

◆ **练习5：通过改变行为模式来改善情绪**

回忆一下你最近连续很多天被某种负面情绪纠缠的经历，并把这一经历记录下来。

然后，想一想为了应对这种负面情绪你有没有做出一些改变。如果有，做出了哪些改变？请记录下来。

最后，问问自己："我该如何调整自己的行为模式，才能对自己的情绪产生更加积极的影响呢?"把想到的方法也记录下来。

◆ 练习6：通过改变环境来改善情绪

写下任何你认为可能对你的情绪产生负面影响的事情，比如与消极的朋友交往、看电视、聊八卦、浏览社交网站、玩电子游戏等。

然后，写下它们可能带来的消极后果，比如让你感到内疚、士气低落，或者摧毁你的自尊心等。

写下能改善你情绪的事情。

第4部分 怎样通过管理情绪实现自我成长？

◆ 练习1：记录你的情绪

每天花几分钟时间来记录你的感受，并用1~10给自己打分，1表示你感觉极度糟糕，10表示你的感觉是最好的。周末的时候，从整体上给自己打一个分数，然后回答以下问题并将你的答案记录下来。

过去的几天，你曾被哪些负面情绪缠绕？

____

____

____

____

是什么导致了这种情绪？是某些特定的想法或外部事件导致你产生了这种情绪吗？

____

____

____

____

事实上发生了什么？

你是如何解读这个事实的？

是什么样的固有认知导致你产生这种情绪的？

你的认知一定正确吗？

以不同的方式去解读想法或事件会让你有更好的感觉吗？

你是如何从负面情绪中走出来的？

到底发生了什么？你改变自己的想法或采取行动了？还是这是自然而然发生的？

你可以做些什么来避免或减少负面情绪？

◆ 练习2：克服自卑

第1步，找出引发自卑感的原因。

你认同什么样的想法？你通常会关注生活中的哪些方面？

写下你在哪些情况下觉得自己不够好。

写下你认同的想法（你的故事）。

第2步，认识自己的成就。

你可以用以下3种方法来认识自己的成就。

1.记录自己取得的成就

承认自己所取得的成就的最佳方式是把它们记录下来。我建议你准备一本专门用来记录成就的笔记本。

· 写下你能想到的自己完成的所有事情。列一份包含50件事情的清单。

· 在每天结束时，写下自己当天完成的所有事情。

试着每天记录5~10件事情。

2. 装满自尊罐

将自己完成的每件事情都写在单独的纸条上，然后把它们放进罐子里。

____

____

____

____

3. 记录赞美之词

你还可以记下每天听到的赞美之词。例如，同事说你今天的鞋子看起来很不错，朋友称赞了你的新发型，老板说你某项任务完成得很出色，这些都可以记录下来。

____

____

____

____

第3步，学会接受赞美。

你可以用以下两种方法来学习接受赞美。

1.对赞美你的人说“谢谢”

这项简单的练习可以让你知道如何接受赞美。每当有人对你说赞美的话时，你可以以这样的方式回答：

谢谢+对方的名字。

就是这样。没有比这更简单的了。不要说“谢谢你，但是……”“谢谢你，你也是”或者“没什么大不了的”。只需要回答一句“谢谢”。

2.感激游戏

这个游戏的目的是让你学会感激那些以前你不认可（或不喜欢）的自己所做的事情。如果有搭档和你一起玩这个游戏，效果会更好。告诉你的搭档你感激他（她）做的3件事情，同样，他（她）也要告诉你3件事情。事情尽量具体一些，且不一定是什么大事。以下是一些例子：

· 我很感激你在如此匆忙的情况下，还为我准备了早餐。

· 我很感激你今天接了孩子。

· 我很感激你在下班后愿意倾听我的烦恼。

◆ 练习3：解除防御状态

每当进入防御状态时，记得问问自己下面的这些问题：

· 我想保护自己的什么信念?

· 我可以放弃这个信念吗?

· 如果没有这个信念，我会是什么样子呢?

◆ 练习4：克服压力和忧虑

第1步，列出你的主要压力源。

先来看看会给你带来压力的一些具体情境。至少写下10件日常生活中使你感到有压力的事情。

第2步，重新认识压力。

针对每一种压力情境，问问自己以下这些问题：

· 是这种情境本身给我带来了压力吗?

· 在这种情境下，是什么样的认知导致我产生了压力？

· 在这种情境下，我应该如何改变认知来减轻或消除压力？

第3步，列出你担忧的事情。

你写下的事情可能与你在上一项练习中写下的相似。以下是可能会令你担忧的几个问题：

· 健康；

· 财务状况；

· 工作；

· 人际关系；

· 家庭关系。

现在，请至少写下10件你在日常生活中经常会担忧的事情。

第4步，给你担忧的事情分类。

看看你写下的日常生活中经常担忧的事情，用C（能够完全掌控）、SC（不能完全掌控）或NC（根本无法掌控）来标注每一件事。

现在，针对那些你能够完全（或在一定程度上）掌控的事情，请写下你认为自己可以做些什么，也就是可以采取什么具体行动。

____

____

____

____

第5步，改变、重构或消除压力情境。

最后，请再次回顾你的压力情境列表，找出那些你认为无法掌控的事情。写下你可以做些什么来改变、重新定义或消除压力情境。对于无法掌控的事情，你能试着放下控制它们的执念，转而去接受它们吗？

____

____

____

____

◆ 练习5：不用过度在意别人对你的看法

要想克服过度敏感的心理，你需要做到以下两点。

1.改变你对他人眼中的自己的解读

第1步，意识到他人其实不怎么在乎你。

首先你要意识到，他人其实不怎么在乎你。意识到这一点将帮助你深入地理解，大多数人并不会真正在乎你。

选择一个你认识的人，这个人可能是你的朋友、熟人或同事。问问自己在日常生活中想起这个人的频率有多高。

现在，请换位思考一下。你认为他（她）每天会想起你几次？

他（她）有多大的可能会去了解你做过什么或说过什么？

你认为他（她）此时此刻最担心的是什么？

至少再选择两个人，重复以上过程。

通过练习，你可能会意识到他人实际上都太忙了，一般不会经常想起你。毕竟，每天陪伴他们时间最长的是他们自己。所以在他人眼中，他们自己才是最重要的，而不是你。这是很显然的事情。

___

___

___

___

第2步，意识到你也并不是很在乎他人。

你其实也没有那么在乎别人。为了让自己意识到这一点，你可以这样做：

· 试着记住自己一天当中遇到的或互动过的人，他们也许是你在餐厅吃午饭时遇到的服务员或顾客，也许是你在街上看到的人，等等；

· 问问自己在此之前有没有想起过这些人；

· 承认你其实完全没有想起过他们。让他们沉入心底看不到的地方，你会得到解脱。

正如你所看到的，你真的没有时间去担心别人。大多数时候，你只关心自己。这并不是说你是一个没有同情心或十分自私的人，你只是一个再正常不过的普通人。

2.不要执着于维护你的自我形象

你可以从以下两方面入手，学着放下对自我形象的执着。

· 写下所有你害怕被人评判的事情。也许是你的外表，也许是你说出的一些愚蠢的话。

· 写下为什么你如此害怕被人评判。问题究竟出在哪里？你想维护什么样的自我形象？

____

____

____

____

◆ 练习6：用“4步法”放下怨恨

第1步，改变或重新审视自己的解读。

写下到底发生了什么。摒弃了自己的解读之后，真实的情况究竟是什么呢？

____

____

____

____

第2步，直面导致怨恨产生的人和事。

如果你的怨恨是针对某些人的，那你需要与他们真诚地讨论，并分享自己的感受。

如果你真的无法和那个人直接对话，写信沟通也是一个不错的选择。即使你不把信寄出去，只是写信这个简单的行为也能在一定程度上帮你放下怨恨。

第3步，原谅。

现在你已经找到了一种自我表达的途径，那么试着开始原谅吧。写下怨恨是如何影响你的幸福感和内心平静的。

想象一下，一旦放下怨恨，生活会变成什么样子，你又会有什么样的感受。现在就去做吧。然后，学着放下和原谅。

第4步，忘记。

最后一步，忘记。你要抛开使你产生怨恨心理的那些念头，让生活继续。当这些念头再次出现时，试着放下它们。随着时间的推移，它们会逐渐失去控制力。

◆ **练习7：放下忌妒**

第1步，找出你所忌妒的人。

写下你忌妒的人的名字，然后想想：忌妒对你来说意味着什么？你究竟想从生活中得到什么？

第2步，选择合作而非竞争。

回想一下你忌妒别人的时候，问问自己："为什么我当时会有这种感觉呢？"然后再问问自己下面的问题。

· 支持那个人会是什么感觉呢？

· 我该怎样和那个人合作？

· 为什么那个人的成功对我有好处？

你可以将以上问题的答案写在下面。

第3步，别拿苹果和苹果做比较。

选择一个你经常与之比较的人，写下你比他（她）做得好的所有事情。

然后，承认自己最初的偏见是什么。

◆ 练习8：缓解抑郁情绪

重新与自己的身体和情绪建立连接的方法包括运动、冥想、转移注意力和关注他人，想想你会尝试哪些方法，并写下你的理由。

◆ 练习9：克服恐惧和不适

第1步，问问自己："我最应该去做，却因恐惧而拖延了的事情是什么呢?" 写下来，然后现在就去完成它。

第2步，每天都做一件有助于自己走出舒适区的事情（哪怕只做出一点点改变）。你可以列出你将从哪些方面做出改变。

◆ 练习10：用“16步法”告别拖延

第1步，了解拖延背后的原因。

找出并写下自己拖延背后的所有真实原因。如果你发现自己缺乏做某事的动力，问问自己为什么。

____

____

____

____

第2步，提醒自己拖延要付出代价。

写下拖延让你付出的代价。它是如何影响你的内心平静、自尊心和实现梦想的能力的？拖延越是令你深恶痛绝，你就越有可能真正采取行动。

____

____

____

____

第3步，发现真实的自我认知。

想想你可能会找出的拖延的所有借口，然后把它们一一记录下来，比如没有时间、岁数太大了、不够聪明、太累了等。要知道，这些借口之所以能够控制你，完全是你自己造成的。因此，你要告诉自己一定要解决它们。

____

____

____

____

第4步，重塑自我认知。

根据新的自我认知来创建一些积极肯定句，并将它们一一记录下来。你可以每天早晨或全天对自己重复这些句子，直到它们成为你自我认知的一部分。

____

____

____

____

第5步，搞清楚为什么缺乏动力。

拖延往往是由于缺乏动力。看看你经常拖延的那些任务，为什么会是它们呢？你要如何将这些任务变成你美好愿景的一部分？请将你的答案写下来。

第6步，识别拖延的表现形式。

你拖延的时候都会做些什么？出去散步吗？上网观看视频吗？喝咖啡吗？又或者，读一本关于如何克服拖延的书？写下你拖延的所有表现形式。

第7步，保持冲动。

当你有冲动去做某些会使你分心的事情时，你会有什么样的情绪呢？请记录下这种情绪并充分感受这种情绪。不要进行自我评判，不要自责。接受现状。当你这样做时，你能够更好地掌控自己的大脑。

第8步，记录自己所做的一切。

记录你一周内所做的每一件事情。然后，看看你花了多少时间在那些分散自己注意力的事情上。

第9步，设定明确的目标。

在执行任务之前，请确保自己确切地知道需要做什么。问问自己："我需要具体做些什么？最终的结果会怎样？"

请将你的目标及可能的结果写下来。

第10步，做好准备。

我们的大脑不喜欢复杂的事情，它希望事情足够简单。因此，请确保排除所有可能对完成任务造成障碍的情况，以便你可以立即开始执行任务。

请写下你可以做些什么来简化那些重要任务。

____

____

____

____

第11步，从小目标开始。

拆分任务将帮助你克服拖延，还能增强你完成任务的动力。

你可以给自己设定几个小目标，从而将重要任务进行拆分。写下你的重要任务和设定的小目标。

____

____

____

____

第12步，累积小成就。

每天设定小目标，并在几周内实现这些目标。通过这样做，你将在很大程度上增强自信心，并能在未来更好地完成那些具有挑战性的任务。

写下你的小成就（选择1~3项任务）：

____

____

____

____

第13步，着手去做。

通常，当你开始处理任务时，你会进入一种所谓的“流程”，这会使任务变得容易很多。在这种情况下，你的积极性会增强，这会使你更加专注于任务。想一想你打算什么时候着手去做、如何去做并写下来。

____

____

____

____

第14步，养成好习惯。

如果你习惯在重要事情上拖延，那么，最好早上起床的第一件事就是着手去做这些事情。

写下你早上起床要做的第一件事。

____

____

____

____

第15步，运用具象化。

你还可以运用具象化来克服拖延。以下是两种具体的方法：

1.想象自己正在执行任务。想象自己打开电脑，开始打字。想象自己穿着跑鞋去跑步。这个方法已被证明可以增加人们完成任务的可能性。试试看吧。

2.想象自己已经完成了任务。某项任务完成后，你会有什么感觉？自由？快乐？骄傲？现在，试着想象自己完成了任务之后的感受。通过这种方式，你会感到动力得以增强，这将促使你顺利完成任务。

小贴士：

每当你完成一项具有挑战性的任务时，花几秒钟时间去留意你的感觉。当下一次你再遇到一项艰巨的任务时，请提醒自己回顾一下这种感觉。

____

____

____

____

第16步，找一个伙伴来督促你。

找一个伙伴来督促你完成重要任务和目标。想一想你会找谁来督促你。

____

____

____

____

◆ 练习11：重塑内驱力

你将如何形成能够支持你朝着目标前进的日常惯例？例如，你的晨起惯例包括练习使用积极肯定句、具象化或早上起床第一件事就是完成最重要的任务。

为了培养自律能力，在接下来的30天里，你可以承诺每天都坚持完成某项任务。请写下你的任务。

____

____

____

____

情绪低落时，你会用哪些话来鼓励自己？请将你的答案写在下面。

____

____

____

____